工学のための
物理数学

田村篤敬
柳瀬眞一郎
河内俊憲
［著］

朝倉書店

まえがき

　本書は，工学部の学部学生が，微分積分学，線形代数などの基礎数学を学んだ後に応用数学を勉学するための教科書である．近年は，工学部のカリキュラムに，実践科目，プレゼンテーション科目などの多くの新しい教科が導入され，応用数学にあてられる時間は相当に減少している．そのため，以前のような，多くの内容を網羅した教科書はどちらかと言えば適当ではなく，エンジニアにとって重要な内容を厳選した教科書が求められているのではないかと思われる．本書は，その目的にかなうように，複素数，フーリエ・ラプラス解析，ベクトル解析の中で「これだけは知っていたい」というテーマを一冊にまとめたもので，豊富な演習問題と相まって，多数の学生諸君の今日的な需要を満たすものであると，秘かに期待している．なお，演習問題の略解は朝倉書店 web サイトの本書のページ (http://www.asakura.co.jp/books/isbn/978-4-254-20168-0/) よりダウンロードできる．

　過去，朝倉書店から一連の応用数学本が発行され，著者の一人である柳瀬が分担執筆してきた．本書は，その最新版で，それらの内容を慎重に厳選・吟味して書かれたものである．特に，山本恭二岡山大学名誉教授には，過去の応用数学本の中で著述された内容の参照，利用を快諾していただいた．ここに深く感謝の意を表したい．

　最後に，本書が急激に変化しつつある大学工学教育に対して，いくばくかの貢献ができるならば，著者らが大いに欣喜すべきところである．

　　2019 年 9 月

著 者 一 同

目　　次

1. 複素解析 ……………………………………………………………… 1

　1.1　複素解析入門 ……………………………………………………… 1

　　1.1.1　複素数，複素平面 ………………………………………… 1

　　1.1.2　複素数の極形式 …………………………………………… 3

　　1.1.3　複素関数と微分 …………………………………………… 7

　　1.1.4　コーシー–リーマンの方程式 ……………………………… 10

　　1.1.5　ラプラスの方程式 ………………………………………… 13

　　1.1.6　指 数 関 数 …………………………………………………… 14

　　1.1.7　三角関数，双曲線関数 …………………………………… 15

　　1.1.8　対数，ベキ関数 …………………………………………… 19

　1.2　複素数の積分 ……………………………………………………… 21

　　1.2.1　複素平面における線積分 ………………………………… 21

　　1.2.2　コーシーの積分定理 ……………………………………… 25

　　1.2.3　コーシーの積分公式 ……………………………………… 28

　　1.2.4　解析関数の導関数 ………………………………………… 30

　1.3　留数の理論 ………………………………………………………… 34

　　1.3.1　テイラー展開 ……………………………………………… 34

　　1.3.2　ローラン展開 ……………………………………………… 38

　　1.3.3　留数積分法 ………………………………………………… 42

　　1.3.4　実数の積分 ………………………………………………… 46

目　　次　　　　　　　　iii

2. フーリエ–ラプラス解析 ･････････････････････････････ 52

　2.1　フーリエ級数 ･･･････････････････････････････ 52

　　2.1.1　単振動による周期関数の展開 ････････････ 52

　　2.1.2　三角関数の直交関係 ････････････････････ 53

　　2.1.3　フーリエ級数の例 ･･････････････････････ 56

　　2.1.4　フーリエ余弦・正弦級数 ････････････････ 61

　　2.1.5　多様なフーリエ級数展開法 ･･････････････ 64

　　2.1.6　スペクトル ････････････････････････････ 67

　　2.1.7　複素フーリエ級数 ･･････････････････････ 72

　　2.1.8　フーリエ級数の収束と項別微分・積分 ････ 75

　2.2　フーリエ変換 ･･･････････････････････････････ 79

　　2.2.1　フーリエ級数からフーリエ変換へ ････････ 80

　　2.2.2　フーリエ変換の性質 ････････････････････ 83

　　2.2.3　フーリエ変換の例 ･･････････････････････ 87

　　2.2.4　スペクトル ････････････････････････････ 90

　2.3　ラプラス変換の基礎 ･････････････････････････ 96

　　2.3.1　ラプラス変換の定義 ････････････････････ 97

　　2.3.2　簡単な関数のラプラス変換 ･･････････････ 100

　　2.3.3　基礎的な公式 ･･････････････････････････ 103

　　2.3.4　さらに進んだ公式 ･･････････････････････ 108

　　2.3.5　ヘビサイドの展開定理 ･･････････････････ 112

　2.4　ラプラス変換の応用 ･････････････････････････ 118

　　2.4.1　線形常微分方程式 ･･････････････････････ 118

　　2.4.2　具体的な応用例とデュアメルの公式 ･･････ 123

　　2.4.3　逆ラプラス変換積分公式 ････････････････ 129

　　2.4.4　逆ラプラス変換積分公式と留数の定理 ････ 131

3. ベクトル解析 ･･････････････････････････････････ 136

　3.1　ベクトル ･･･････････････････････････････････ 137

　　3.1.1　スカラーとベクトル ････････････････････ 137

iv 目 次

3.1.2 ベクトルとスカラーの積 ································· 138
3.1.3 ベクトルの和差 ··································· 139
3.1.4 座標系と基底ベクトル ····························· 140
3.2 ベクトルの内積・外積 ·································· 146
3.2.1 ベクトルの内積 ·································· 146
3.2.2 ベクトルの外積 ·································· 149
3.2.3 スカラー 3 重積 ································· 151
3.2.4 ベクトル 3 重積 ································· 152
3.3 ベクトルの微分 ····································· 155
3.3.1 ベクトル関数と曲線 ····························· 155
3.3.2 空 間 曲 線 ································· 156
3.4 ベクトル演算子 ナブラ ································· 162
3.4.1 スカラー場の勾配 ································ 162
3.4.2 ベクトル場の発散 ································ 164
3.4.3 ベクトル場の回転 ································ 165
3.4.4 勾配，発散，回転に関する公式 ······················ 168
3.5 ベクトルの積分 ····································· 172
3.5.1 スカラー関数・ベクトル関数の線積分 ··················· 172
3.5.2 面 積 分 ···································· 176
3.5.3 体 積 分 ···································· 180
3.5.4 ガウスの発散定理（体積分と面積分の変換） ··············· 182
3.5.5 ストークスの定理（面積分と線積分の変換） ··············· 185

参 考 文 献 ··· 191
索 引 ·· 192

1

複 素 解 析

1.1 複素解析入門

本節では，複素数を用いた代数演算と複素平面について学ぶ．また，コーシー–リーマンの方程式に基づき，複素関数の解析性を判定するとともに，指数関数や三角関数，双曲線関数など，基本的な複素関数について議論する．

1.1.1 複素数，複素平面

複素数 z は，実数 x と y との組合せで定義され，$z = (x, y)$ あるいは，

$$z = x + iy \tag{1.1}$$

と表す．ここで，$z = i = (0, 1)$ における i は虚数単位と呼ばれ，$i^2 = -1$ である．また，x を z の実部，y を z の虚部と呼び，

$$x = \operatorname{Re} z, \quad y = \operatorname{Im} z \tag{1.2}$$

と記述する．なお，$x = 0$ ならば，$z = iy$ となり，これを純虚数と呼ぶ．

次に，複素数の四則演算に関して説明する．$z_1 = x_1 + iy_1$，$z_2 = x_2 + iy_2$ とすると，複素数の和については，上に述べた標準的な表記法を用いることで，

$$z_1 + z_2 = (x_1 + iy_1) + (x_2 + iy_2) = (x_1 + x_2) + i(y_1 + y_2) \tag{1.3}$$

と表され，差については，

$$z_1 - z_2 = (x_1 + iy_1) - (x_2 + iy_2) = (x_1 - x_2) + i(y_1 - y_2) \tag{1.4}$$

が得られる．同様に積については，

$$z_1 z_2 = (x_1 + iy_1)(x_2 + iy_2) = x_1 x_2 + i(x_1 y_2 + x_2 y_1) + i^2 y_1 y_2$$
$$= (x_1 x_2 - y_1 y_2) + i(x_1 y_2 + x_2 y_1) \tag{1.5}$$

を得る．商については，$z_1/z_2 = x + iy \quad (z_2 \neq 0)$ とすれば，

$$\frac{z_1}{z_2} = \frac{x_1 + iy_1}{x_2 + iy_2} = \frac{(x_1 + iy_1)(x_2 - iy_2)}{(x_2 + iy_2)(x_2 - iy_2)}$$
$$= \frac{x_1 x_2 + y_1 y_2}{x_2^2 + y_2^2} + i \frac{x_2 y_1 - x_1 y_2}{x_2^2 + y_2^2} \tag{1.6}$$

となる．この場合，$x = \dfrac{x_1 x_2 + y_1 y_2}{x_2^2 + y_2^2}$，$y = \dfrac{x_2 y_1 - x_1 y_2}{x_2^2 + y_2^2}$ である．

さて，複素数 $z = x + iy$ を座標 (x, y) をもつ点 P として，デカルト座標系の $x-y$ 平面に描くとき，これを**複素平面**と呼び，$x-y$ 平面上の x 軸を**実軸**，y 軸を**虚軸**と呼ぶ (図 1.1)．複素平面上で和 $z = z_1 + z_2$，差 $z = z_1 - z_2$ を表す点は，ベクトルの和，差を求めるのと同じように，平行四辺形の作図によって求められる (図 1.2)．

また，複素数 $z = x + iy$ の共役複素数は，$\bar{z} = x - iy$ で定義される．このとき，$z\bar{z} = x^2 + y^2$ であり，和と差は，$z + \bar{z} = 2x$，$z - \bar{z} = 2iy$ となるので，

$$\mathrm{Re}\, z = \frac{1}{2}(z + \bar{z}) \tag{1.7}$$

$$\mathrm{Im}\, z = \frac{1}{2i}(z - \bar{z}) \tag{1.8}$$

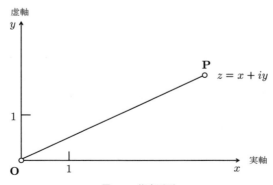

図 1.1 複素平面

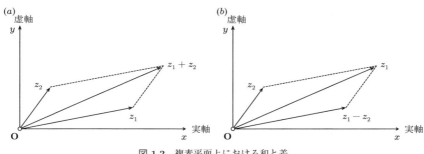

図 1.2 複素平面上における和と差

が成立する．なお，複雑な式の共役複素数を考える際に，次の結果は有用である．

$$\overline{z_1 \pm z_2} = \overline{z_1} \pm \overline{z_2} \tag{1.9}$$

$$\overline{z_1 z_2} = \overline{z_1}\ \overline{z_2} \tag{1.10}$$

$$\overline{\left(\frac{z_1}{z_2}\right)} = \frac{\overline{z_1}}{\overline{z_2}} \qquad (z_2 \neq 0) \tag{1.11}$$

これらの証明は，複素数の四則演算ならびに共役複素数の定義から容易になされる．

例題 1 $z_1 = x_1 + iy_1$, $z_2 = x_2 + iy_2$ とするとき，式 (1.10) の成り立つことを示せ．

解答 $z_1 z_2 = (x_1 + iy_1)(x_2 + iy_2) = (x_1 x_2 - y_1 y_2) + i(x_1 y_2 + x_2 y_1)$ より，$\overline{z_1 z_2} = (x_1 x_2 - y_1 y_2) - i(x_1 y_2 + x_2 y_1)$．また，$\overline{z_1}\ \overline{z_2} = (x_1 - iy_1)(x_2 - iy_2) = (x_1 x_2 - y_1 y_2) - i(x_1 y_2 + x_2 y_1)$ である．よって，$\overline{z_1 z_2} = \overline{z_1}\ \overline{z_2}$ の成り立つことが証明された．

1.1.2 複素数の極形式

極座標 $x = r\cos\theta$, $y = r\sin\theta$ を用いると，$z = x + iy$ は**極形式**の

$$z = r(\cos\theta + i\sin\theta) \tag{1.12}$$

で表される．ここで，r は z の絶対値であり，$|z| = r = \sqrt{x^2 + y^2} = \sqrt{z\overline{z}}$ である．また，θ を z の**偏角**と呼び (反時計回りを正とする)，

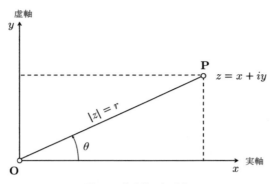

図 1.3 複素数の極形式

$$\theta = \arg z = \tan^{-1}\frac{y}{x} \tag{1.13}$$

で表す．なお，極座標で $\arg z = \theta + 2n\pi$ $(n = 0, \pm 1, \pm 2, \cdots)$ の偏角は，複素平面上で同一の点を表すことから，$-\pi < \theta \leq \pi$ の範囲にある θ を偏角の主値と呼び，$\mathrm{Arg}\, z$ で表す (図 1.3)．ただし，$z = 0$ のとき偏角は定義されない．

例題 2 複素数 $z = 1 + i$ の極形式と偏角の主値を示せ．

解答 $|z| = |1+i| = \sqrt{1^2 + 1^2} = \sqrt{2}$ より，$z = \sqrt{2}\left(\dfrac{1}{\sqrt{2}} + i\dfrac{1}{\sqrt{2}}\right)$ であり，

$$z = \sqrt{2}\left(\cos\frac{1}{4}\pi + i\sin\frac{1}{4}\pi\right) \tag{1.14}$$

と表されることから，$\arg z = \dfrac{1}{4}\pi + 2n\pi$ $(n = 0, \pm 1, \pm 2, \cdots)$，すなわち $\mathrm{Arg}\, z = \dfrac{1}{4}\pi$ である．

次に，複素平面上における積と商について考える．$z_1 = r_1(\cos\theta_1 + i\sin\theta_1)$，$z_2 = r_2(\cos\theta_2 + i\sin\theta_2)$ とすると，

$$z_1 z_2 = r_1 r_2 (\cos\theta_1 \cos\theta_2 - \sin\theta_1 \sin\theta_2) + i(\cos\theta_1 \sin\theta_2 + \cos\theta_2 \sin\theta_1)$$

$$= r_1 r_2 \{\cos(\theta_1 + \theta_2) + i\sin(\theta_1 + \theta_2)\} \tag{1.15}$$

$$\frac{z_1}{z_2} = \frac{r_1(\cos\theta_1 + i\sin\theta_1)}{r_2(\cos\theta_2 + i\sin\theta_2)}$$

$$= \frac{r_1}{r_2} \frac{(\cos\theta_1 + i\sin\theta_1)(\cos\theta_2 - i\sin\theta_2)}{\cos^2\theta_2 + \sin^2\theta_2}$$

$$= \frac{r_1}{r_2}\{\cos(\theta_1 - \theta_2) + i\sin(\theta_1 - \theta_2)\} \tag{1.16}$$

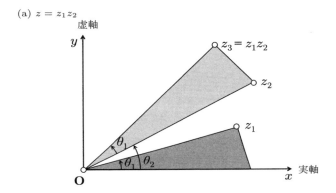

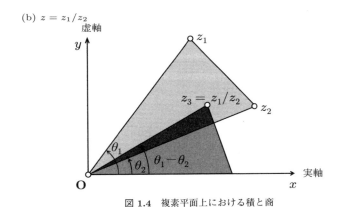

図 1.4 複素平面上における積と商

ここで，$|z_1 z_2| = |z_1||z_2|$, $|z_1/z_2| = |z_1|/|z_2|$ $(z_2 \neq 0)$ であり，

$$\arg z_1 z_2 = \arg z_1 + \arg z_2 \tag{1.17}$$

$$\arg z_1/z_2 = \arg z_1 - \arg z_2 \tag{1.18}$$

となる．すなわち，積 $z = z_1 z_2$，商 $z = z_1/z_2$ を表す点は，複素平面上で相似な三角形を作図することによって，求めることができる（図 1.4）．

また，$|z| = r$, $z = z_1 = z_2 = \cdots = z_n$ のとき，$n = 1, 2, 3, \cdots$ に対して帰納法を用いると，式 (1.15), (1.17) から，

$$\begin{aligned} z_1 z_2 \cdots z_n = z^n &= r^n \{\cos(\theta_1 + \theta_2 + \cdots + \theta_n) + i\sin(\theta_1 + \theta_2 + \cdots + \theta_n)\} \\ &= r^n (\cos n\theta + i \sin n\theta) \end{aligned} \tag{1.19}$$

6   1 複 素 解 析

が成り立つ．ここで，$z_0 = 1$ （$n = 0$）とし，$z = z_{-1} = z_{-2} = \cdots z_{-n}$（$|z| = r$）
のとき，$z_{-1}z_{-2}\cdots z_{-n} = z^{-n}$ とおくと，式 (1.16)，(1.18) より，式 (1.19)
と同様に，

$$z_0 z_{-1} z_{-2} \cdots z_{-n} = z_{-1}z_{-2}\cdots z_{-n} = z^{-n}$$
$$= r^{-n}\{\cos(0 - \theta_1 - \theta_2 - \cdots - \theta_n) + i\sin(0 - \theta_1 - \theta_2 - \cdots - \theta_n)\}$$
$$= \frac{1}{r^n}(\cos n\theta - i\sin n\theta)$$

が成り立つ．さらに，$|z| = r = 1$ とすると，式 (1.19) より，ド・モアブルの
公式

$$\boxed{(\cos\theta + i\sin\theta)^n = \cos n\theta + i\sin n\theta \qquad (n = 0, \pm 1, \pm 2, \cdots) \qquad (1.20)}$$

が導かれる．

例題 3　式 (1.20) に対し，$n = 2$ として，ド・モアブルの公式が成り立つこ
とを示せ．

解答　$(\cos\theta + i\sin\theta)^2 = (\cos^2\theta - \sin^2\theta) + i(2\sin\theta\cos\theta) = \cos 2\theta + i\sin 2\theta$
となる．したがって，$n = 2$ に対し，ド・モアブルの公式が成立することを確
かめられた．

　さて，式 (1.12) より，複素平面上の点を極形式で表示すると，$z = r(\cos\theta + i\sin\theta)$ である．ここで，$w^n = z$ を満たす w のことを z の **n 乗根** と呼ぶ．こ
のとき，w は

$$w^n = R^n(\cos n\phi + i\sin n\phi) = z \qquad (1.21)$$

を満たす任意の数，$w = \sqrt[n]{z} = z^{1/n}$　（$n = 1, 2, 3, \cdots$）であり（反時計回りを
正とする），

$$w = R(\cos\phi + i\sin\phi) \qquad (1.22)$$

と定義される．ゆえに，$R^n = r$ すなわち，$R = r^{1/n}$ であり，$n\phi = \theta + 2k\pi$
すなわち，$\phi = (\theta + 2k\pi)/n$　（$k = 0, 1, 2, \cdots, n-1$）である．よって，$z \neq 0$
に対し，$z^{1/n}$ は n 個の異なった値

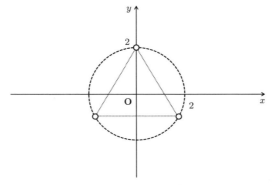

図 1.5 $-8i$ の 3 乗根

$$z^{1/n} = r^{1/n}\left(\cos\frac{\theta+2k\pi}{n} + i\sin\frac{\theta+2k\pi}{n}\right) \quad (1.23)$$

をもつ．これら n 個の値は，原点を中心とする半径 $R = r^{1/n}$ の円周上に存在し，n 個の辺をもつ正多角形の頂点を形成する．なお，$k = 0$ を選んで得られる $w = z^{1/n}$ の値を w の主値と呼ぶ．

例題 4 $z = -8i$ の 3 個の 3 乗根を求めよ．

解答 $w = R(\cos\phi + i\sin\phi)$ とおくと，$z = w^3 = R^3(\cos 3\phi + i\sin 3\phi) = 8(0-i) = 8i\sin(-\frac{1}{2}\pi + 2k\pi)$ と表される．

したがって，$R = \sqrt[3]{8} = 2$，$3\phi = -\frac{1}{2}\pi + 2k\pi$ より，$\phi = -\frac{1}{6}\pi + \frac{2}{3}k\pi$ ($k = 0, 1, 2$) である (図 1.5)．

i) $k = 0$ のとき，$z_1 = 2\cos(-\frac{1}{6}\pi) + i\sin(-\frac{1}{6}\pi)$
ii) $k = 1$ のとき，$z_2 = 2\cos(\frac{1}{2}\pi) + i\sin(\frac{1}{2}\pi)$
iii) $k = 2$ のとき，$z_3 = 2\cos(\frac{7}{6}\pi) + i\sin(\frac{7}{6}\pi)$

1.1.3 複素関数と微分

複素数 $z = x + iy$，$w = u + iv$ に対し，複素平面上のある領域における z の各値に対応して，別の複素平面上に w の各値が定まれば，そのとき w は z の関数であり，

$$w = f(z) = u(x, y) + iv(x, y) \tag{1.24}$$

と表される．

例題 5 $w = f(z) = u + iv = z^2 + 2z$, $z = x + iy = 1 + i$ として，u と v の値を求めよ．

解答 $w = f(z) = (x + iy)^2 + 2(x + iy) = (x^2 - y^2 + 2x) + i(2xy + 2y)$ これに $x = 1$, $y = 1$ を代入すれば，$u = \mathrm{Re}\, f(z) = 1^2 - 1^2 + 2 = 2$, $v = \mathrm{Im}\, f(z) = 2 + 2 = 4$ となる．

ここで，複素関数の極限，連続，微分に関しては，次のように定義される．

定義 1

もし，$f(z)$ が z についての 1 価関数 (1 つの変数 z に対し，1 つの値 w が定まる) であって，z_0, w_0 が複素数の定数であり，さらに，あらゆる $\epsilon < 0$ に対して，$0 < |z - z_0| < \delta$ かつ $|f(z) - w_0| < \epsilon$ となるような，ある正数 δ が存在すれば，そのとき w_0 は z が z_0 に近づくときの $f(z)$ の極限である．すなわち，z を z_0 には一致させないが，z_0 に対し，十分に近づけていくことによって $f(z)$ が w_0 に，いくらでも近づくことができれば，w_0 は $f(z)$ の極限と呼ばれる (図 1.6)．

定義 2

関数 $f(z)$ が $z \to z_0$ (距離 $|z - z_0|$ が限りなく 0 に近づく) で $f(z_0)$ になるとき，$\lim_{z \to z_0} f(z) = f(z_0)$ と表し，$f(z)$ は点 z_0 において連続である．

定義 3

複素関数 $w = f(z)$ の微分 (導関数) は，次式で定義される．

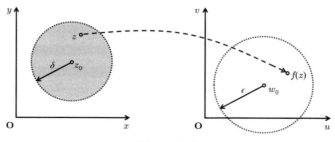

図 1.6 極限

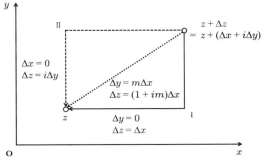

図 1.7 極限

$$\frac{dw}{dz} = f'(z) = \lim_{\Delta z \to 0} \frac{f(z+\Delta z) - f(z)}{\Delta z} \tag{1.25}$$

極限の定義によって，$f(z)$ は z の近傍で定義されており，複素平面上の任意の方向から z に近づくことができる（図 1.7）．

なお，実関数の場合と同様に，微分法則としてベキ法則 $(z^n)' = nz^{n-1}$（n は整数），ならびに下記の式が成り立つ．c を定数とし，f ならびに g が点 z において微分可能であるとき（$g \neq 0$），

$$(cf)' = cf', \quad (f+g)' = f' + g', \quad (fg)' = f'g + fg', \quad \left(\frac{f}{g}\right)' = \frac{f'g - fg'}{g^2} \tag{1.26}$$

参考までに，$f(z) = z^n$ として，2項展開を用いると，

$$\begin{aligned} f(z+\Delta z) - f(z) &= (z+\Delta z)^n - z^n \\ &= \left\{ z^n + \frac{n}{1!}z^{n-1}(\Delta z) + \frac{n(n-1)}{2!}z^{n-2}(\Delta z)^2 + \cdots + (\Delta z)^n \right\} - z^n \end{aligned}$$

であり，

$$\begin{aligned} f'(z) &= \lim_{\Delta z \to 0} \frac{f(z+\Delta z) - f(z)}{\Delta z} \\ &= \lim_{\Delta z \to 0} \left\{ nz^{n-1} + \frac{n(n-1)}{2!}z^{n-2}\Delta z + \cdots + (\Delta z)^{n-1} \right\} = nz^{n-1} \end{aligned}$$

となることから，複素関数の微分にもベキ法則の成り立つことは明らかである．

例題 6 図 1.7 を参考に，$w = f(z) = \bar{z} = x - iy$ の導関数について考察せよ.

解答 z に増分 $\Delta z = \Delta x + i\Delta y$ を与えると，

$$\frac{f(z + \Delta z) - f(z)}{\Delta z} = \frac{\{(x + \Delta x) - i(y + \Delta y)\} - (x - iy)}{\Delta x + i\Delta y} = \frac{\Delta x - i\Delta y}{\Delta x + i\Delta y}$$

であることから，

i) $\Delta y = 0$ のとき，$\quad f'(z) = \lim_{\Delta z \to 0} \dfrac{\Delta x - i\Delta y}{\Delta x + i\Delta y} = \lim_{\Delta x \to 0} \dfrac{\Delta x}{\Delta x} = 1$

ii) $\Delta x = 0$ のとき，$\quad f'(z) = \lim_{\Delta z \to 0} \dfrac{\Delta x - i\Delta y}{\Delta x + i\Delta y} = \lim_{\Delta y \to 0} \left(-\dfrac{i\Delta y}{i\Delta y} \right) = -1$

iii) $\Delta y = m\Delta x$ のとき，$\quad f'(z) = \lim_{\Delta z \to 0} \dfrac{\Delta x - im\Delta x}{\Delta x + im\Delta x} = \lim_{\Delta x \to 0} \dfrac{(1 - im)\Delta x}{(1 + im)\Delta x}$

$$= \frac{(1 - m^2) - 2im}{1 + m^2}$$

となり，経路が異なると $f'(z)$ の値も異なり，極限をもたない．すなわち，z は微分不可能であり，複素関数の微分可能性は，厳しい条件下において成立していることが示唆される．そこで次項では，複素関数の導関数が存在するための条件を求め，その関係式を定める．

1.1.4 コーシー–リーマンの方程式

複素関数 $f(z) = u(x, y) + iv(x, y)$ は，領域 D 内のあらゆる点，$z = x + iy$ の近傍で定義され，かつ連続であり，z 自身において微分可能であるとする．このとき，$f(z)$ は D で**解析的である**（正則である）といわれ，実部 u と虚部 v には 4 つの 1 階偏導関数が存在する．次の**コーシー–リーマンの方程式**

$$\frac{\partial u}{\partial x} = \frac{\partial v}{\partial y} \quad \text{および} \quad \frac{\partial u}{\partial y} = -\frac{\partial v}{\partial x} \quad (\text{または，} u_x = v_y, u_y = -v_x \text{とも表記}) \tag{1.27}$$

は，$f(z) = u(x, y) + iv(x, y)$ が領域 D において解析的であるための必要十分条件である．この場合，$f(z)$ の導関数は，次のいずれの式によっても求められる．

$$f'(z) = \frac{\partial u}{\partial x} + i\frac{\partial v}{\partial x} \quad \text{あるいは} \quad f'(z) = \frac{\partial v}{\partial y} - i\frac{\partial u}{\partial y} \tag{1.28}$$

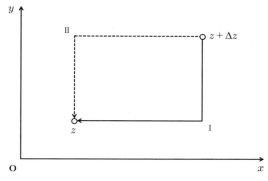

図 1.8 経路 I と経路 II に沿う積分

なお，関数 $f(z)$ が領域 D のすべての点で定義されており，微分可能であるならば，D で解析的であると呼ばれ，$f(z)$ が z_0 の近傍で解析的であれば，領域 D 内の点 $z = z_0$ で解析的であるという．

まず，コーシー–リーマンの方程式が成立するための必要条件について述べる．複素関数 $w = f(z) = u(x,y) + iv(x,y)$ について考えると，微分の定義によって，

$$\frac{dw}{dz} = \lim_{\Delta z \to 0} \frac{\Delta w}{\Delta z}$$
$$= \lim_{\Delta x \to 0, \Delta y \to 0} \frac{[u(x+\Delta x, y+\Delta y) + iv(x+\Delta x, y+\Delta y)] - [u(x,y) + iv(x,y)]}{\Delta x + i\Delta y} \tag{1.29}$$

図 1.8 で示すように，Δz は，z の近傍のあらゆる経路に沿って 0 に近づくことができるので，経路 I と経路 II を選び，両者の結果を等しいとする．

i) Δz が実数ならば，

まず，$\Delta y = 0$ とし，その後 $\Delta x \to 0$ とする（$\Delta y = 0$, $\Delta z = \Delta x$）．

式 (1.29) より，

$$\frac{dw}{dz} = f'(z) = \lim_{\Delta x \to 0} \frac{u(x+\Delta x, y) - u(x,y)}{\Delta x} + i \lim_{\Delta x \to 0} \frac{v(x+\Delta x, y) - v(x,y)}{\Delta x}$$
$$= \frac{\partial u}{\partial x} + i\frac{\partial v}{\partial x} = u_x + iv_x$$

ii) Δz が虚数ならば，

まず，$\Delta x = 0$ とし，その後 $\Delta y \to 0$ とする（$\Delta x = 0$, $\Delta z = i\Delta y$）．

式 (1.29) より，

$$\frac{dw}{dz} = f'(z) = \lim_{\Delta y \to 0} \frac{u(x, y + \Delta y) - u(x, y)}{i\Delta y} + i \lim_{\Delta x \to 0} \frac{v(x, y + \Delta y) - v(x, y)}{i\Delta y}$$

$$= \frac{\partial v}{\partial y} - i\frac{\partial u}{\partial y} = v_y - iu_y$$

すなわち，導関数 $\dfrac{dw}{dz} = f'(z)$ が存在するのであれば，その実部と虚部を比較し，コーシー–リーマンの方程式として知られる 2 つの条件式 $\dfrac{\partial u}{\partial x} = \dfrac{\partial v}{\partial y}$ $(u_x = v_y)$ および $\dfrac{\partial u}{\partial y} = -\dfrac{\partial v}{\partial x}$ $(u_y = -v_x)$ の成り立つことが必要である．

次に，$f(z)$ が領域 D で解析的であることを示す．条件より，u, v は連続な偏導関数 u_x, u_y, v_x, v_y をもつことから，領域 D におけるすべての点で全微分可能である．したがって，

$$u(x + \Delta x, y + \Delta y) - u(x, y)$$
$$= u_x(x, y)\Delta x + u_y(x, y)\Delta y + \epsilon_1(\Delta x, \Delta y)\sqrt{(\Delta x)^2 + (\Delta y)^2}$$
$$v(x + \Delta x, y + \Delta y) - v(x, y)$$
$$= v_x(x, y)\Delta x + v_y(x, y)\Delta y + \epsilon_2(\Delta x, \Delta y)\sqrt{(\Delta x)^2 + (\Delta y)^2}$$

である．ここで，$\sqrt{(\Delta x)^2 + (\Delta y)^2} \to 0$ のとき，$\epsilon_1(\Delta x, \Delta y) \to 0$ ならびに $\epsilon_2(\Delta x, \Delta y) \to 0$ となることから，コーシー–リーマンの方程式を用いると，

$$f(z + \Delta z) - f(z)$$
$$= u(x + \Delta x, y + \Delta y) - u(x, y) + i[v(x + \Delta x, y + \Delta y) - v(x, y)]$$
$$= (u_x + iv_x)\Delta x + (u_y + iv_y)\Delta y + (\epsilon_1 + i\epsilon_2)\sqrt{(\Delta x)^2 + (\Delta y)^2}$$
$$= (u_x + iv_x)\Delta x + (-v_x + iu_x)\Delta y + (\epsilon_1 + i\epsilon_2)\sqrt{(\Delta x)^2 + (\Delta y)^2}$$
$$= (u_x + iv_x)(\Delta x + i\Delta y) + (\epsilon_1 + i\epsilon_2)\sqrt{(\Delta x)^2 + (\Delta y)^2}$$
$$= (u_x + iv_x)(\Delta z) + (\epsilon_1 + i\epsilon_2)|\Delta z|$$

すなわち，

$$\frac{f(z + \Delta z) - f(z)}{\Delta z} = u_x + iv_x + (\epsilon_1 + i\epsilon_2)\frac{|\Delta z|}{\Delta z}$$

である．

ここで，$\Delta z \to 0$ とすると，$\left| (\epsilon_1 + i\epsilon_2) \dfrac{|\Delta z|}{\Delta z} \right| = |\epsilon_1 + i\epsilon_2| \to 0$ となり，

$$\frac{dw}{dz} = f'(z) = \lim_{\Delta z \to 0} \frac{f(z + \Delta z) - f(z)}{\Delta z} = u_x + iv_x$$

が得られる．よって，関数 $f(z)$ は微分可能であるとともに，$f'(z) = u_x + iv_x$ であることが示された．また，u_x, v_x は連続であり，$f'(z)$ も領域 D で連続であることから，$f(z)$ は領域 D で解析的となる．これは十分条件であり，コーシー–リーマンの方程式が成り立つための必要十分条件が示された．

例題 7 $f(z) = z^2$ が解析的であることを示せ．

解答 $f(z) = (x + iy)^2 = (x^2 - y^2) + i(2xy) = u + iv$ であることから，$u_x = v_y = 2x$, $u_y = -v_x = -2y$ となり，コーシー–リーマンの方程式を満足する．

1.1.5 ラプラスの方程式

複素関数 $f(z) = u(x, y) + iv(x, y)$ が，領域 D で連続な 2 階偏導関数をもつ解析関数 (正則関数) であるならば，次のラプラスの方程式を満足する．

$$\nabla^2 u = \frac{\partial^2 u}{\partial x^2} + \frac{\partial^2 u}{\partial y^2} = 0 \tag{1.30}$$

$$\nabla^2 v = \frac{\partial^2 v}{\partial x^2} + \frac{\partial^2 v}{\partial y^2} = 0 \tag{1.31}$$

これらの式は，以下のように証明される．$w = f(z) = u(x, y) + iv(x, y)$ を解析関数とすると，u と v はコーシー–リーマンの方程式 $u_x = v_y$, $u_y = -v_x$ を満たす．第 1 式を x で，第 2 式を y で微分すると，

$$u_{xx} = v_{yx}, \quad u_{yy} = -v_{xy} \tag{1.32}$$

である．したがって，$u_{xx} + u_{yy} = 0$ が成立する (ただし，$v_{xy} = v_{yx}$)．

同様に，第 1 式を y で，第 2 式を x で微分すると，

$$u_{xy} = v_{yy}, \quad u_{yx} = -v_{xx} \tag{1.33}$$

となる．したがって，$v_{xx} + v_{yy} = 0$ が成立する (ただし，$u_{xy} = u_{yx}$)．連続

14   1 複 素 解 析

な2階偏導関数をもつラプラス方程式の解は，調和関数と呼ばれ，これら2つ
の調和関数 $u(x, y)$, $v(x, y)$ がコーシー–リーマンの方程式を満たすとき，u と
v を共役調和関数という．

1.1.6 指 数 関 数

任意の $z = x + iy$ に対して，複素指数関数 e^z は，$e^z = e^{x+iy} = e^x(\cos y + i \sin y)$ と定義される．ここで，次の3条件の成立することが望まれる．

  i) e^z は1価で解析的である．

 ii) $\dfrac{d}{dz} e^z = (e^z)' = e^z$

iii) $\operatorname{Im} e^z = 0$ $(y = 0)$ のとき，$e^z = e^x$ (任意の複素数 z に対して $e^z \neq 0$)

まず，$e^z = e^{x+iy} = e^x (\cos y + i \sin y)$ が，条件 i), ii), iii) を満足していることを示す．条件 i), ii) より，$f(z) = e^z = u + iv$ とおくと，この解析関数の導関数は，コーシー–リーマンの方程式を用いて，

$$f'(z) = \frac{d}{dz} e^z = e^z = u + iv = \frac{\partial u}{\partial x} + i \frac{\partial v}{\partial x} = \frac{\partial v}{\partial y} - i \frac{\partial u}{\partial y} \tag{1.34}$$

となる．したがって，

$$\frac{\partial u}{\partial x} = u, \quad \frac{\partial v}{\partial x} = v \tag{1.35}$$

であることから，$\dfrac{du}{u} = dx$ より，$\ln u = x + C'$．すなわち，$u = Ce^x = e^x \phi(y)$
となる．このとき，$u = e^x \phi(y)$ は，式 (1.34) を満たし，さらに u と v はコーシー–リーマンの方程式を満足するので，

$$-\frac{\partial u}{\partial y} = v, \quad -\frac{\partial v}{\partial y} = \frac{\partial^2 u}{\partial y^2} = -\frac{\partial u}{\partial x} = -u \tag{1.36}$$

また，式 (1.36) の第2式右辺より，$e^x \phi''(y) = -e^x \phi(y) = -u$ であり，
$\phi''(y) = -\phi(y)$ となる．この解は，$\phi(y) = (A\cos y + B\sin y)$ となるので，
$u = e^x \phi(y) = e^x (A\cos y + B\sin y)$ として，式 (1.36) の第1式に代入すると，

$$v = -\frac{\partial u}{\partial y} = -e^x(-A\sin y + B\cos y) = e^x(A\sin y - B\cos y) \tag{1.37}$$

よって，

1.1 複素解析入門 15

$$e^z = u + iv = e^x \{(A\cos y + B\sin y) + i(A\sin y - B\cos y)\} \tag{1.38}$$

すなわち，$y = 0$ のとき，$e^z = e^x = e^x(A - iB)$ である (条件 iii) を満たす) ためには，$A = 1$, $B = 0$ となることが要求される.

　以上のことより，条件 i), ii), iii) を満足する z の関数が存在するとすれば，

$$e^z = e^{x+iy} = e^x(\cos y + i\sin y) \tag{1.39}$$

であることが証明された.

　なお，$|e^{iy}| = |\cos y + i\sin y| = \sqrt{\cos^2 y + \sin^2 y} = 1$ なので，$|e^z| = e^x$. したがって，$\arg e^z = y + 2n\pi$ $(n = 0, \pm 1, \pm 2, \cdots)$ であり，どのような複素数 z も指数関数で表せることがわかる. なお，実関数の場合と同様に指数法則 $e^{z_1+z_2} = e^{z_1}e^{z_2}$ が成り立つ.

1.1.7　三角関数，双曲線関数

　複素指数関数 $e^z = e^{x+iy} = e^x(\cos y + i\sin y)$ において，$x = 0$, $y = \pm\theta$ のとき，オイラーの公式

$$e^{i\theta} = \cos\theta + i\sin\theta, \quad e^{-i\theta} = \cos\theta - i\sin\theta \tag{1.40}$$

を得る. ここで，任意の複素数 z に対して $|z| = r$, $\arg z = \theta$ とすると，その極形式は，$z = re^{i\theta} = r(\cos\theta + i\sin\theta)$ であり，あらゆる z を極形式の指数表示で表すことができる.

　なお，オイラーの公式で示した 2 式の和と差から，

$$\cos\theta = \frac{e^{i\theta} + e^{-i\theta}}{2}, \quad \sin\theta = \frac{e^{i\theta} - e^{-i\theta}}{2i} \tag{1.41}$$

が得られる. この関係式を拡張すると，複素数 $z = x + iy$ に対する三角関数として，

$$\cos z = \frac{e^{iz} + e^{-iz}}{2}, \quad \sin z = \frac{e^{iz} - e^{-iz}}{2i}, \quad \tan z = \frac{\sin z}{\cos z} = \frac{e^{iz} - e^{-iz}}{i(e^{iz} + e^{-iz})} \tag{1.42}$$

が成り立つ. ただし，$\cos z$, $\sin z$ は $|z| < \infty$ で定義され，$\tan z$ は $\cos z \neq 0$

16　　　　　　　　　　　1　複　素　解　析

となる $z \neq \dfrac{\pi}{2} + n\pi$ で定義される. これらより,

i)　$\cos^2 z + \sin^2 z = 1$

ii)　$\cos(z_1 \pm z_2) = \cos z_1 \cos z_2 \mp \sin z_1 \sin z_2$

iii)　$\sin(z_1 \pm z_2) = \sin z_1 \cos z_2 \pm \cos z_1 \sin z_2$

iv)　$\dfrac{d}{dz} \cos z = -\sin z$

v)　$\dfrac{d}{dz} \sin z = \cos z$

vi)　$\dfrac{d}{dz} \tan z = \dfrac{1}{\cos^2 z}$

などが容易に導かれる.

例題 8　上記の ii) が成立することを示せ.

解答

$$\cos z_1 \cos z_2 = \frac{1}{4}(e^{iz_1} + e^{-iz_1})(e^{iz_2} + e^{-iz_2})$$

$$= \frac{1}{4}\left\{ e^{i(z_1+z_2)} + e^{-i(z_1+z_2)} + e^{i(z_1-z_2)} + e^{-i(z_1-z_2)} \right\}$$

$$\sin z_1 \sin z_2 = -\frac{1}{4}(e^{iz_1} - e^{-iz_1})(e^{iz_2} - e^{-iz_2})$$

$$= -\frac{1}{4}\left\{ e^{i(z_1+z_2)} + e^{-i(z_1+z_2)} - e^{i(z_1-z_2)} - e^{-i(z_1-z_2)} \right\}$$

であることから,

$$\cos z_1 \cos z_2 - \sin z_1 \sin z_2 = \frac{1}{2}\left\{ e^{i(z_1+z_2)} + e^{-i(z_1+z_2)} \right\} = \cos(z_1 + z_2)$$

$$\cos z_1 \cos z_2 + \sin z_1 \sin z_2 = \frac{1}{2}\left\{ e^{i(z_1-z_2)} + e^{-i(z_1-z_2)} \right\} = \cos(z_1 - z_2)$$

となる. その他の式についても同じように確認することができる.

ところで,

$$\cos z = \frac{e^{i(x+iy)} + e^{-i(x+iy)}}{2} = \frac{e^{-y}e^{ix} + e^{y}e^{-ix}}{2}$$

$$= \frac{1}{2}\{e^{-y}(\cos x + i\sin x) + e^{y}(\cos x - i\sin x)\}$$

$$= \cos x \frac{e^{y} + e^{-y}}{2} - i\sin x \frac{e^{y} - e^{-y}}{2} = \cos x \cosh y - i\sin x \sinh y$$

である. 同様に,

$$\sin z = \sin(x + iy) = \sin x \cosh y + i \cos x \sinh y$$

$$\cosh z = \cosh(x + iy) = \cosh x \cos y + i \sinh x \sin y$$

$$\sinh z = \sinh(x + iy) = \sinh x \cos y + i \cosh x \sin y$$

ここで，$\cos z$, $\sin z$ において，$x = 0$ とすると，

$$\cos z = \cos(iy) = \cosh y, \quad \sin z = \sin(iy) = i \sinh y$$

さらに，$\cosh z$, $\sinh z$ において，$x = 0$ とすると，

$$\cosh z = \cosh(iy) = \cos y, \quad \sinh z = \sinh(iy) = i \sin y$$

が得られる．すなわち，$\cos(iz) = \cosh z$, $\sin(iz) = i \sinh z$, $\cosh(iz) = \cos z$, $\sinh(iz) = i \sin z$ などの関係が成り立つ．ただし，双曲線関数は，

$$\cosh z = \frac{e^z + e^{-z}}{2}, \quad \sinh z = \frac{e^z - e^{-z}}{2}, \quad \tanh z = \frac{e^z - e^{-z}}{e^z + e^{-z}}$$

と定義され，$\dfrac{d}{dz} \cosh z = \sinh z$, $\dfrac{d}{dz} \sinh z = \cosh z$ である．

次に，複素関数 $w = u + iv = \sin z$ によって，z 平面上の集合を w 平面上の集合に変換することを考える．ここで，変換後の $w_0 = f(z_0)$ を変換前の $z = z_0$ の像と呼び，$x = \text{Const.}$, $y = \text{Const.}$ とすれば，前述の $\sin z = \sin(x + iy) = \sin x \cosh y + i \cos x \sinh y$ より，

$$u = \mathrm{Re}\,(\sin z) = \sin x \cosh y, \quad v = \mathrm{Im}\,(\sin z) = \cos x \sinh y$$

であるから，座標上の x と y は，それぞれ $x = \text{Const.}$ の像である双曲線と $y = \text{Const.}$ の像である楕円に変換される．このような対応関係を写像と呼ぶ．

$$\cosh^2 y - \sinh^2 y = \frac{u^2}{\sin^2 x} - \frac{v^2}{\cos^2 x} = 1 \qquad \text{（双曲線）}$$

$$\sin^2 x + \cos^2 x = \frac{u^2}{\cosh^2 y} + \frac{v^2}{\sinh^2 y} = 1 \qquad \text{（楕円）}$$

一般に，z 平面上の任意の点 z_0 で交わる曲線がなす角と w 平面上に写像された曲線が点 $w_0 = f(z_0)$ でなす角が常に等しい場合，その変換は $z = z_0$ において**等角写像**であると呼ばれる．ここでは，z 平面上で直交するいずれの直線も w 平面上では曲線に写像され，その両者は直交していることから，$x = \text{Const.}$,

(a) z 平面 (b) w 平面

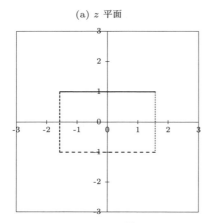
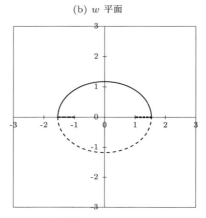

図 1.9 $w = u + iv = \sin z$ による写像

$y = \text{Const.}$ の $w = \sin z$ による変換は，任意の点 z で等角写像である．

たとえば，複素平面において $x = \pm\dfrac{\pi}{2}$ ($-1 \leq y \leq 1$), $y = \pm 1$ $\left(-\dfrac{\pi}{2} \leq x \leq \dfrac{\pi}{2}\right)$ で囲まれた領域のうち，$y = \pm 1$ は，$u = \text{Re}(\sin z) = \sin x \cosh y$, $v = \text{Im}(\sin z) = \cos x \sinh y$ によって，上下の半楕円曲線に写像される．ただし，$x = \pm\dfrac{\pi}{2}$ の集合は，$-\cosh 1 \leq u \leq -1, 1 \leq u \leq \cosh 1$ $(v = 0)$ となり，厳密には $z = \pm 1$ で等角写像ではない（図 1.9）．

例題 9　$\cos z = \dfrac{e^{iz} + e^{-iz}}{2} = 0$ を z について解け．

解答　$e^{2iz} + 1 = 0$ となることから，
$$e^{iz} = e^{i(x+iy)} = e^{-y}e^{ix} = e^{-y}(\cos x + i\sin x) = \pm i$$
より，$x = \dfrac{\pi}{2} + n\pi$ ($n = 0, \pm 1, \pm 2, \cdots$), $y = 0$ となる．よって，$z = x + iy = \dfrac{\pi}{2} + n\pi$ ($n = 0, \pm 1, \pm 2, \cdots$) と表される．

例題 10　$\sin z = \dfrac{e^{iz} - e^{-iz}}{2i} = 0$ を z について解け．

解答　$e^{2iz} - 1 = 0$ となることから，
$$e^{iz} = e^{i(x+iy)} = e^{-y}e^{ix} = e^{-y}(\cos x + i\sin x) = \pm 1$$
より，$x = n\pi$ ($n = 0, \pm 1, \pm 2, \cdots$), $y = 0$ となる．よって，$z = x + iy = n\pi$ ($n = 0, \pm 1, \pm 2, \cdots$) と求められる．

1.1.8 対数, ベキ関数

z の対数は, $e^w = z$ を満足する関数 $w = \ln e^w = \ln z$ として定義される. ここで, $w = u + iv$ および $z = re^{i\theta}$ とおくと,

$$e^w = e^{u+iv} = e^u e^{iv} = re^{i\theta} = z \qquad (1.43)$$

ゆえに, $e^u = r$ すなわち $u = \ln r$, $v = \theta$ より,

$$w = u + iv = \ln r + i\theta = \ln |z| + i \arg z \qquad (r = |z| > 0, \quad \theta = \arg z) \quad (1.44)$$

となる. もし, θ が $-\pi < \theta \le \pi$ の間にある z の**主値偏角** $(n = 0)$ であれば,

$$w = \ln z = \ln |z| + i(\theta + 2n\pi) \qquad (n = 0, \pm 1, \pm 2, \cdots) \qquad (1.45)$$

と表される. $n = 0$ のときの値を**対数の主値** (複素数の極形式を参照) と呼び, $\mathrm{Ln}\, z = \ln |z| + i \, \mathrm{Arg}\, z \ (z \ne 0)$ である. すなわち, $\mathrm{Ln}\, z$ は 1 価であることを意味し, $\ln z$ の他の値は,

$$\ln z = \mathrm{Ln}\, z \pm i \, 2n\pi \qquad (n = 1, 2, 3, \cdots) \qquad (1.46)$$

の無限多価 (任意の点 z に対して無限に複数の w の値が対応する) で与えられる. なお, $z = e^{\ln z}$ であることから, $z = x + iy$ のベキ関数は, 次式で表される.

$$z^\alpha = (e^{\ln z})^\alpha = e^{\alpha \ln z} \qquad (1.47)$$

ここで, $\alpha = \dfrac{1}{k}$ $(k = 2, 3, 4, \cdots)$ とすると,

$$z^\alpha = \sqrt[k]{z} = \sqrt[k]{e^{\ln z}} = e^{(\ln z)/k} \qquad (z \ne 0) \qquad (1.48)$$

である. さらに, $z = re^{i\theta} = re^{i(\theta + 2n\pi)}$ $(n = 0, \pm 1, \pm 2, \cdots)$ であることから,

$$z^\alpha = \sqrt[k]{r} e^{i(\theta + 2n\pi)/k} \qquad (n = 0, 1, 2, \cdots, k-1) \qquad (1.49)$$

となる. すなわち, $z^\alpha = \sqrt[k]{z}$ は k 価関数であり, 指数は $n = k$ のときの $\dfrac{2\pi i}{k}$ を除いて決定されるので, 原点を中心に, 半径 $\sqrt[k]{r}$, 偏角 θ/k を始点とする k 乗根の k 個の異なった値が得られる. なお, $\mathrm{Arg}\, z = \theta$ のとき, $\sqrt[k]{r} e^{i\theta/k}$ は $\sqrt[k]{z}$ の主値であり, $w = \sqrt[k]{z}$ の形式の関数はベキ根と呼ばれる. また, $\ln z = w$

20   1 複素解析

のとき，$z = e^w$ であることから，$\dfrac{dz}{dw} = e^w$ となり，

$$\frac{dw}{dz} = \frac{1}{e^w} = \frac{1}{z} = (\ln z)' \tag{1.50}$$

よって，$\ln z$ の導関数は，すべての $z \neq 0$ に対して存在する．

さて，ベキ関数 式 (1.47) は指数と対数を合成した関数であり，これを z で微分すると，$(z^\alpha)' = (e^{\alpha \ln z})' = (e^{\alpha \ln z})\dfrac{\alpha}{z} = z^\alpha \dfrac{\alpha}{z} = \alpha z^{\alpha-1}$ となることから，

$$\frac{d}{dz} z^\alpha = \alpha z^{\alpha-1} \tag{1.51}$$

が成り立つ (ただし，$z \neq 0$).

例題 11　実変数の自然対数について知られている関係式は，複素数に対しても成り立つことを示せ．

解答　$z_1 = r_1 e^{i\theta_1}$, $z_2 = r_2 e^{i\theta_2}$ とすれば，

$$
\begin{aligned}
\ln z_1 + \ln z_2 &= \{\ln r_1 + i(\theta_1 + 2n_1\pi)\} + \{\ln r_2 + i(\theta_2 + 2n_2\pi)\} \\
&= (\ln r_1 + \ln r_2) + i\{(\theta_1 + \theta_2) + 2(n_1 + n_2)\pi\} \\
&= \ln r_1 r_2 + i\{(\theta_1 + \theta_2) + 2n\pi\} = \ln|z_1 z_2| + i\arg(z_1 z_2) \\
&= \ln(z_1 z_2)
\end{aligned}
$$

同様に，

$$
\begin{aligned}
\ln z_1 - \ln z_2 &= \{\ln r_1 + i(\theta_1 + 2n_1\pi)\} - \{\ln r_2 + i(\theta_2 + 2n_2\pi)\} \\
&= (\ln r_1 - \ln r_2) + i\{(\theta_1 - \theta_2) + 2(n_1 - n_2)\pi\} \\
&= \ln \frac{r_1}{r_2} + i\{(\theta_1 - \theta_2) + 2n\pi\} = \ln\left|\frac{z_1}{z_2}\right| + i\arg\frac{z_1}{z_2} \\
&= \ln \frac{z_1}{z_2}
\end{aligned}
$$

となる．

練習問題 1.1

1. 関数 $f(z) = e^{-y}(\cos x + i\sin x),\ (z = x + iy)$ は，平面全体で解析的であることを示し，その導関数を求めよ．
2. 複素関数 $f(z) = u(x,y) + iv(x,y)$ に関して，コーシー–リーマンの方程式を，極形式 $z = x + iy = r(\cos\theta + i\sin\theta)$ を用いて記述せよ．
3. 方程式 $e^{iz} = 1 + i$ を解け．
4. 方程式 $\cos z = 1$ を解け．
5. 自然対数，$\ln 4,\ \ln(-3i),\ \ln(4-3i)$ の主値を求めよ．ただし，$\ln|2| = 0.6931$，$\ln|3| = 1.0986$，$\ln|5| = 1.6094$，$\tan^{-1}(-3/4) = -0.6435$ とする．
6. ベキ関数 i^i の主値を求めよ．

1.2 複素数の積分

本節では，複素関数の積分に関する重要な定理 (コーシーの積分定理) と公式 (コーシーの積分公式) について学ぶ．また，関数が解析的であれば，その関数はすべての階数の導関数をもつことを証明するとともに，高階の導関数が複素積分の計算にも応用可能であることを示す．

1.2.1 複素平面における線積分

$f(z) = u(x,y) + iv(x,y)$ は z についての任意の関数であり，曲線 C を滑らか (各点で連続かつ微分可能であり，曲線 C の各点において連続に変化する接線をもつ) で，点 A $(z = z_0)$ と点 B $(z = z_n)$ を結ぶ有限な長さの弧であるとする．

図 1.10 で示すように，曲線 C を点 $z_k\ (k = 1, 2, 3, \cdots, n-1)$ によって n 個の部分区間 Δs_k に分割し，Δz_k を Δs_k で定められる無限小の弦とする．各部分区間内に任意の点 $\zeta_k = \xi_k + i\eta_k$ を選び，各弦の長さ Δz_k がゼロへ近づくように n が無限大になるとき，その総和の極限は，曲線 C に沿う $f(z)$ の線積分と呼ばれる．

$$\int_C f(z)\,dz = \lim_{n\to\infty} \sum_{k=1}^{n} f(\zeta_k)\Delta z_k \tag{1.52}$$

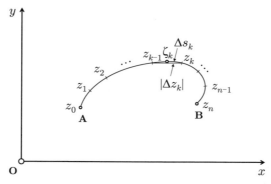

図 1.10 複素平面における線積分

ただし,点 A と点 B が一致し,C が閉曲線 (閉路) である場合,上記の積分は,

$$\int_C f(z)\,dz = \oint_C f(z)\,dz \tag{1.53}$$

と表される.ここで,

$$\left|\sum_{k=1}^n f(\zeta_k)\Delta z_k\right| \leq \sum_{k=1}^n |f(\zeta_k)\Delta z_k| = \sum_{k=1}^n |f(\zeta_k)|\,|\Delta z_k| \tag{1.54}$$

であり,$n \to \infty$ のとき,

$$\left|\int_C f(z)\,dz\right| \leq \int_C |f(z)|\,|dz| \tag{1.55}$$

となる.

右辺は,$f(z) = u + iv$,$z = x + iy$,$dz = dx + i\,dy$ なので,無限小の弦の増分を $ds \approx |dz| = \sqrt{(dx)^2 + (dy)^2}$ で表すと,

$$\int_C |f(z)|\,|dz| = \int_C \sqrt{u^2 + v^2}\sqrt{(dx)^2 + (dy)^2} = \int_C \sqrt{u^2 + v^2}\,ds \tag{1.56}$$

もし,$f(z) = 1$ であれば,

$$\int_C |dz| = \int_C ds = L \tag{1.57}$$

となり,L は積分経路の長さを表す.ここで,$f(z)$ は積分経路 AB に関して連続と仮定されているので,曲線 C 上のすべての z に対して $|f(z)| \leq M$ となる M が存在し,

$$\left|\int_C f(z)\,dz\right| \leq \int_C |f(z)|\,|dz| \leq \int_C M\,|dz| = M\int_C |dz| = ML \tag{1.58}$$

となることから,

$$\left| \int_C f(z)\,dz \right| \le ML \tag{1.59}$$

が得られる. これを **ML 不等式** という.

ところで, $f(z) = u + iv$, $\Delta z = \Delta x + i\Delta y$ であることから,

$$\int_C f(z)\,dz = \sum_{k=1}^{n} f(\zeta_k)\Delta z_k$$

$$= \sum_{k=1}^{n} [u(\xi_k, \eta_k) + iv(\xi_k, \eta_k)](\Delta x_k + i\Delta y_k)$$

$$= \sum_{k=1}^{n} [u(\xi_k, \eta_k)\Delta x_k - v(\xi_k, \eta_k)\Delta y_k] + i\sum_{k=1}^{n} [v(\xi_k, \eta_k)\Delta x_k + u(\xi_k, \eta_k)\Delta y_k]$$

$$\tag{1.60}$$

が成り立ち, その極限 ($\Delta x_k \to 0$, $\Delta y_k \to 0$) において

$$\int_C f(z)\,dz = \int_C (u\,dx - v\,dy) + i\int_C (v\,dx + u\,dy) = \int_C (u+iv)(dx+idy) \tag{1.61}$$

となる.

なお, 図 1.11 で示すように, 点 A から点 B までを結ぶ有限な経路の積分に関して, 以下の基本的な性質も成立する.

$$\int_A^B f(z)\,dz = -\int_B^A f(z)\,dz \tag{1.62}$$

$$\int_A^B k f(z)\,dz = k\int_A^B f(z)\,dz \tag{1.63}$$

$$\int_A^B \{f(z) \pm g(z)\}dz = \int_A^B f(z)\,dz \pm \int_A^B g(z)\,dz \tag{1.64}$$

$$\int_A^B f(z)\,dz = \int_A^P f(z)\,dz + \int_P^B f(z)\,dz \qquad (\text{P は経路 AB 上の点}) \tag{1.65}$$

ただし, 図 1.11 中の C_1 は AP を結ぶ積分経路であり, C_2 は PB を結ぶ積分経路である. すなわち, 線積分には点 A を始点とし, 点 B を終点とするような向きがあることに留意すべきである.

例題 1　$z(t) = e^{it} = \cos t + i\sin t\ (0 \le t \le 2\pi)$ とし, 半径 1 の単位円 C を経路とする $f(z) = 1/z$ の線積分について考えよ.

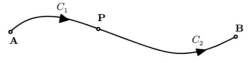

図 1.11　積分経路の分割

解答　$f(z) = 1/z = e^{-it}$ とすると，$dz = ie^{it}dt$ より，

$$\oint_C f(z)\,dz = \oint_C \frac{1}{z}dz = \int_0^{2\pi} e^{-it}ie^{it}dt = i\int_0^{2\pi} dt = 2\pi i$$

と求められる．

例題 2　図 1.12 で示すように，積分経路 C を半径 r，中心 z_0 の円とする．n が整数であるとして，

$$\oint_C \frac{1}{(z-z_0)^{n+1}}dz$$

の線積分を求めよ．

解答　$z - z_0 = re^{i\theta}$ $(0 \leq \theta \leq 2\pi)$ とすると，$dz = ire^{i\theta}d\theta$ なので，

$$\oint_C \frac{1}{(z-z_0)^{n+1}}dz = \int_0^{2\pi} \frac{ire^{i\theta}}{r^{n+1}e^{i(n+1)\theta}}d\theta = \frac{i}{r^n}\int_0^{2\pi} e^{-in\theta}d\theta$$

$n = 0$ のとき，

$$\oint_C \frac{1}{(z-z_0)^{n+1}}dz = \frac{i}{r^n}\int_0^{2\pi} e^{-in\theta}d\theta = i\int_0^{2\pi} d\theta = 2\pi i$$

$n \neq 0$ のとき，

$$\oint_C \frac{1}{(z-z_0)^{n+1}}dz = \frac{i}{r^n}\int_0^{2\pi} e^{-in\theta}d\theta = \frac{i}{r^n}\int_0^{2\pi}(\cos n\theta - i\sin n\theta)d\theta = 0$$

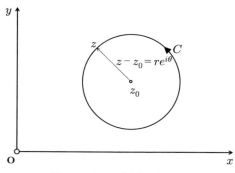

図 1.12　円 C まわりの線積分

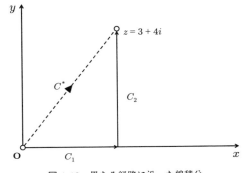

図 1.13 異なる経路に沿った線積分

例題 3 被積分関数を $\operatorname{Re} z$ とするとき,図 1.13 で示す,以下の 2 つの積分経路 (C^* ならびに $C_1 + C_2$) について考えよ.

解答

i) $C^*: z(t) = t(3+4i)\ (0 \leq t \leq 1),\quad \operatorname{Re} z = 3t,\ dz = (3+4i)dt$ より,

$$\int_{C^*} \operatorname{Re} z\, dz = \int_0^1 3t(3+4i)\, dt = \left[\frac{9}{2}t^2 + 6t^2 i\right]_0^1 = \frac{9}{2} + 6i$$

ii) $C_1: z(t) = 3t,\ dz = 3dt\ (0 \leq t \leq 1)$,

$C_2: z(s) = 3+4si,\ dz = 4i\, ds \qquad (0 \leq s \leq 1)$

$$\int_C \operatorname{Re} z\, dz = \int_{C_1} \operatorname{Re} z\, dz + \int_{C_2} \operatorname{Re} z\, dz = \int_0^1 3t \cdot 3\, dt + \int_0^1 3(4i)\, ds$$

$$= \left[\frac{9}{2}t^2\right]_0^1 + [12si]_0^1 = \frac{9}{2} + 12i$$

明らかに,i) と ii) の結果は異なる.すなわち,複素平面上の積分は,その経路に依存する.

1.2.2 コーシーの積分定理

関数 $P(x,y)$,$Q(x,y)$,$\partial P/\partial y$,$\partial Q/\partial x$ について,その境界が区分的または断片的に滑らかな曲線 (境界となる線上の有限個の点を除いて連続かつ微分可能) である**単一連結** (領域のどの閉路も領域内の点のみを囲む領域;たとえば,円など任意の単純閉曲線の内部) あるいは**多重連結** (単一連結でない領域;たとえば,中心 $z_0 = 0$ を含まない $0 < |z| < 1$ の円環など;図 1.14) である領域

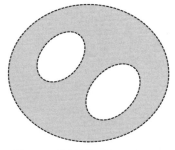

図 1.14 多重連結の例 (3 重連結)

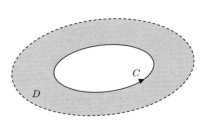

図 1.15 コーシーの積分定理

D の境界上,およびその内部において連続であれば,次式で表すように

$$\int_C (Pdx + Qdy) = \iint_D \left(\frac{\partial Q}{\partial x} - \frac{\partial P}{\partial y}\right) dxdy \qquad (1.66)$$

となり,平面におけるグリーンの定理 (3.5.5 項 (p. 187) の式 (3.112) を参照)が成り立つ.

定理 1

区分的に滑らかな曲線 C を境界とする単一連結あるいは多重連結の領域 D の境界上,およびその内部において関数 $f(z)$ が解析的であり,その導関数 $f'(z)$ が連続であれば,

$$\oint_C f(z)\,dz = 0 \qquad (1.67)$$

が成立し,これをコーシーの積分定理と呼ぶ (図 1.15).

これは,以下のように証明される.式 (1.61) で示したように,

$$\oint_C f(z)\,dz = \oint_C (u+iv)(dx+idy) = \oint_C (udx-vdy) + i\oint_C (vdx+udy) \quad (1.68)$$

ここで,$f'(z)$ が連続であるとすると,$\partial u/\partial x$, $\partial u/\partial y$, $\partial v/\partial x$, $\partial v/\partial y$ は領域 D のいたるところで存在し,かつ連続なので,式 (1.68) に平面におけるグリーンの定理を適用し,

$$\oint_C f(z)\,dz = \oint_C (udx - vdy) + i\oint_C (vdx + udy)$$

$$= \iint_D \left(-\frac{\partial v}{\partial x} - \frac{\partial u}{\partial y} \right) dxdy + i \iint_D \left(\frac{\partial u}{\partial x} - \frac{\partial v}{\partial y} \right) dxdy$$
$$(1.69)$$

となる．関数 $f(z)$ は解析的なので，u と v は，式 (1.27) で示したコーシー–リーマンの方程式を満足する．すなわち，

$$\frac{\partial u}{\partial x} = \frac{\partial v}{\partial y}, \quad \frac{\partial u}{\partial y} = -\frac{\partial v}{\partial x}$$

であることから，$\oint_C f(z)\,dz = 0$ となる．このとき，式 (1.67) が恒等的に成り立ち，その積分は経路に依存しない．なお，線積分が単純閉曲線 C を 1 周するような積分経路を有するとき，$\oint_C f(z)\,dz$ は，C の内部を左側に見るような方向に積分する場合を正とする．また，$f(z)$ が 2 つの単一閉曲線の間にある領域 D の境界上，およびその内部で解析的であれば，これは図 1.16(a) で示すように，単一連結領域に近似可能であり（$C = C_1 + C_2$），

$$\oint_{C_1} f(z)\,dz + \oint_{C_2} f(z)\,dz = 0 \qquad (1.70)$$

となる．さらに，図 1.16(b) で示すように，内部曲線 C_2' まわりの積分方向を逆にすると，

$$\oint_{C_1} f(z)\,dz - \oint_{C_2'} f(z)\,dz = 0 \qquad (1.71)$$

であることから，

$$\oint_{C_1} f(z)\,dz = \oint_{C_2'} f(z)\,dz \qquad (1.72)$$

が成り立つ．

例題 4 半径 1 の単位円 C を経路とする $f(z) = 1/z^2$ の線積分を求めよ．同じく，単位円 C を経路とする $f(z) = 1/(z^2 + 4)$ の線積分についても調べよ．

解答 $f(z) = 1/z^2$ の場合，円周 C の内部の点 $z = 0$ で分母がゼロとなり，正則ではない．$z = e^{i\theta}$ ($0 \le \theta \le 2\pi$) とおくと，$dz = ie^{i\theta}d\theta$ であり，

$$\oint_C \frac{1}{z^2} dz = \int_0^{2\pi} e^{-2i\theta} ie^{i\theta} d\theta = \int_0^{2\pi} ie^{-i\theta} d\theta$$
$$= \int_0^{2\pi} i(\cos\theta - i\sin\theta)d\theta = \int_0^{2\pi} (i\cos\theta + \sin\theta)d\theta$$
$$= [i\sin\theta - \cos\theta]_0^{2\pi} = 0$$

(a) 単一閉曲線に沿う線積分 ($C = C_1 + C_2$)

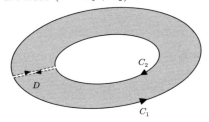

(b) 独立した閉曲線 C_1, C_2' に沿う線積分 2 重連結領域における線積分

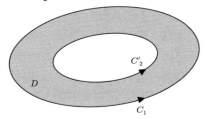

図 1.16 2 重連結領域における線積分

一方，$f(z) = 1/(z^2 + 4)$ の場合，円周 C の内部で分母はゼロとならないので正則である．すなわち，コーシーの積分定理を適用することができ，

$$\oint_C \frac{1}{z^2 + 4} dz = 0$$

となる．

1.2.3 コーシーの積分公式

関数 $f(z)$ が単一連結領域 D の区分的に滑らかな境界線 C 上，およびその内部で解析的であり，z_0 が領域 D の内部における任意の点であれば，C の正方向へ反時計まわりに積分することによって，コーシーの積分公式

$$f(z_0) = \frac{1}{2\pi i} \oint_C \frac{f(z)}{z - z_0} dz \tag{1.73}$$

が成り立つ．これは，以下のように証明される．図 1.17 で示すように，C_0 を z_0 を中心とする円であるとし，その半径 ρ は十分に小さく，C_0 全体が領域 D 内に位置するものとする．関数 $f(z)$ は領域 D 内部で解析的であることから，

$\dfrac{f(z)}{z-z_0}$ は，$z=z_0$ を除く領域 D 内部のいたるところで解析的となる．また，図 1.17 で示すように，$\dfrac{f(z)}{z-z_0}$ は，C と C_0 の間にある領域 D' のいたるところでも解析的である．したがって，コーシーの積分公式より

$$\oint_C \frac{f(z)}{z-z_0}dz = \oint_{C_0} \frac{f(z)}{z-z_0}dz = \oint_{C_0} \frac{f(z_0)+f(z)-f(z_0)}{z-z_0}dz$$
$$= f(z_0)\oint_{C_0}\frac{1}{z-z_0}dz + \oint_{C_0}\frac{f(z)-f(z_0)}{z-z_0}dz$$
$$= 2\pi i f(z_0) + \oint_{C_0}\frac{f(z)-f(z_0)}{z-z_0}dz \tag{1.74}$$

ここで，

$$\left|\oint_{C_0}\frac{f(z)-f(z_0)}{z-z_0}dz\right| \leq \oint_{C_0}\frac{|f(z)-f(z_0)|}{|z-z_0|}|dz| \tag{1.75}$$

となり，C_0 上では，$|z-z_0|=\rho$ である．さらに，$f(z)$ は解析的であり，かつ連続なので，コーシーの積分定理より，任意の $\epsilon>0$ に対して δ が存在し，半径 $|z-z_0|=\rho<\delta$ であれば，$|f(z)-f(z_0)|<\epsilon$ となる．このとき，

$$\left|\oint_{C_0}\frac{f(z)-f(z_0)}{z-z_0}dz\right| < \oint_{C_0}\frac{\epsilon}{\rho}|dz| = \frac{\epsilon}{\rho}2\pi\rho = 2\pi\epsilon \tag{1.76}$$

であり，任意の ϵ を十分に小さく選ぶと，式 (1.75) の左辺は，式 (1.58) で示した ML 不等式によって 0 になる．したがって，

$$\oint_C \frac{f(z)}{z-z_0}dz = 2\pi i f(z_0) + 0 \tag{1.77}$$

となり，式 (1.73) コーシーの積分公式

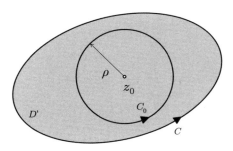

図 1.17　コーシーの積分公式

$$f(z_0) = \frac{1}{2\pi i} \oint_C \frac{f(z)}{z - z_0} dz$$

の成立することが示された.

例題 5 経路 C が, i) $z = i$, ii) $z = -i$ を中心としてもつ半径 1 の単位円であるとき, 次の積分 $\oint_C \dfrac{e^z}{z^2 + 1} dz$ の値を求めよ.

解答

i) 積分経路は, $C : |z - i| = 1$ である. 与式から

$$\oint_C \frac{e^z}{z^2 + 1} dz = \oint_C \frac{e^z}{z + i} \frac{1}{z - i} dz$$

$z_0 = i$ とおき, $f(z) = \dfrac{e^z}{z + i}$ とみなすと, コーシーの積分公式より,

$$\oint_C \frac{e^z}{z + i} \frac{1}{z - i} dz = 2\pi i f(i) = 2\pi i \frac{e^i}{2i} = \pi(\cos 1 + i \sin 1)$$

である.

ii) 積分経路は, $C : |z + i| = 1$ である. 同様に $z_0 = -i$ とおき, $f(z) = \dfrac{e^z}{z - i}$ とみなすと, コーシーの積分公式より,

$$\oint_C \frac{e^z}{z^2 + 1} dz = \oint_C \frac{e^z}{z - i} \frac{1}{z + i} dz = 2\pi i f(-i) = 2\pi i \frac{e^{-i}}{-2i} = -\pi(\cos 1 - i \sin 1)$$

となる.

1.2.4　解析関数の導関数

前項で得られたコーシーの積分公式 (1.73) から, 領域 D 内の 1 つの点 z_0 における解析関数の導関数が得られる.

$$\begin{aligned}
f'(z_0) &= \lim_{\Delta z_0 \to 0} \frac{f(z_0 + \Delta z_0) - f(z_0)}{\Delta z_0} \\
&= \lim_{\Delta z_0 \to 0} \frac{1}{\Delta z_0} \left[\frac{1}{2\pi i} \oint_C \frac{f(z)}{z - (z_0 + \Delta z_0)} dz - \frac{1}{2\pi i} \oint_C \frac{f(z)}{z - z_0} dz \right] \\
&= \lim_{\Delta z_0 \to 0} \frac{1}{\Delta z_0} \left[\frac{1}{2\pi i} \oint_C f(z) \left\{ \frac{1}{z - (z_0 + \Delta z_0)} - \frac{1}{z - z_0} \right\} dz \right] \\
&= \lim_{\Delta z_0 \to 0} \frac{1}{2\pi i} \oint_C \frac{f(z)}{\{z - (z_0 + \Delta z_0)\}(z - z_0)} dz \tag{1.78}
\end{aligned}$$

ここで, $\Delta z_0 \to 0$ とし, 式 (1.78) の極限をとれば,

$$f'(z_0) = \frac{1}{2\pi i} \oint_C \frac{f(z)}{(z-z_0)^2} dz \tag{1.79}$$

同様の手順を繰り返すと,

$$f''(z_0) = \frac{2!}{2\pi i} \oint_C \frac{f(z)}{(z-z_0)^3} dz \tag{1.80}$$

$$f'''(z_0) = \frac{3!}{2\pi i} \oint_C \frac{f(z)}{(z-z_0)^4} dz \tag{1.81}$$

$$\vdots$$

$$f^{(n)}(z_0) = \frac{n!}{2\pi i} \oint_C \frac{f(z)}{(z-z_0)^{n+1}} dz \tag{1.82}$$

となる. すなわち, $f(z)$ が閉じた単一連結領域 D のいたるところで解析的であれば, 領域 D 内の任意の点 z_0 において, $f(z)$ のすべての次数の導関数が存在し, 解析的である. したがって, $n = 1, 2, 3, \cdots$ に対し, 式 (1.82) が常に成り立つ (ただし, C は領域 D の境界). 一方, 関数 $f(z)$ が領域 D の内部において連続であり, D 内で描くことのできる, あらゆる単一閉曲線に対して,

$$\oint_C f(z)\, dz = 0 \tag{1.83}$$

となれば, $f(z)$ は D 内で解析的である. これはモレラの定理と呼ばれ, 以下のように証明される. 式 (1.83) が成り立つとき, 領域 D 内の固定点 z_0 と, それ以外の点 z の間の線積分は, その経路に依存せず, z のみの関数である. すなわち,

$$F(z) = \int_{z_0}^{z} f(z)\, dz \tag{1.84}$$

ここで, $F(z) = U + iV$, $f(z) = u + iv$ とすれば,

$$F(z) = U + iV = \int_{(x_0,y_0)}^{(x,y)} (u+iv)(dx+idy)$$
$$= \int_{(x_0,y_0)}^{(x,y)} (udx - vdy) + i \int_{(x_0,y_0)}^{(x,y)} (vdx + udy) \tag{1.85}$$

となる. ゆえに,

$$U = \int_{(x_0, y_0)}^{(x,y)} (udx - vdy), \quad V = \int_{(x_0, y_0)}^{(x,y)} (vdx + udy) \tag{1.86}$$

したがって,

$$\frac{\partial U}{\partial x} = u, \quad \frac{\partial U}{\partial y} = -v \tag{1.87}$$

$$\frac{\partial V}{\partial x} = v, \quad \frac{\partial V}{\partial y} = u \tag{1.88}$$

であり,

$$\frac{\partial U}{\partial x} = \frac{\partial V}{\partial y}, \quad \frac{\partial U}{\partial y} = -\frac{\partial V}{\partial x} \tag{1.89}$$

となることから, U と V は, コーシー–リーマンの方程式 (1.27) を満足する.

また, 関数 $f(z) = u + iv$ が連続であるという仮定より, u, v は x, y に関して連続であり, $\frac{\partial U}{\partial x}$, $\frac{\partial U}{\partial y}$, $\frac{\partial V}{\partial x}$, $\frac{\partial V}{\partial y}$ も連続である. よって, $F(z) = U + iV$ は解析関数であり,

$$F'(z) = \frac{\partial U}{\partial x} + i\frac{\partial V}{\partial x} = u + iv = f(z) \tag{1.90}$$

となることから, $F(z)$ の導関数である $f(z)$ も解析関数であることが示された. これはコーシーの積分定理の逆である.

さらに, 関数 $f(z)$ が z_0 を中心とする半径 r の円 C 上, および円の内部で解析的であれば, $n = 1, 2, 3, \cdots$ に対し,

$$|f^{(n)}(z_0)| \leq \frac{n!M}{r^n} \tag{1.91}$$

が成り立つ. ただし, M は C 上における $|f(z)|$ の最大値とする. これは, コーシーの不等式と呼ばれ, 式 (1.58) で示した ML 不等式を適用することによって, 以下のように証明される. 式 (1.82) から,

$$|f^{(n)}(z_0)| = \left| \frac{n!}{2\pi i} \oint_C \frac{f(z)}{(z - z_0)^{n+1}} dz \right| \leq \frac{n!}{2\pi} \oint_C \frac{|f(z)|}{|z - z_0|^{n+1}} |dz|$$
$$\leq \frac{n!}{2\pi} \frac{M}{r^{n+1}} \oint_C |dz| = \frac{n!}{2\pi} \frac{M}{r^{n+1}} 2\pi r = \frac{n!M}{r^n}$$

ここで, $n = 0$ に対しては, $|f(z_0)| \leq M$ となり $(0! = 1)$, どれだけ小さな円であっても, z_0 まわりのあらゆる円周上において, $|f(z)|$ は少なくとも $f(z_0)$

と同じ大きさである最大値 M をもつ.

例題 6 以下に示す i), ii) の条件下で, 式 (1.82) を用い, それぞれの線積分の値を求めよ.

解答

i) 円 $C : |z+i| = 3$ のまわりに (反時計方向に), 次式の積分の値を求める.

$$\oint_C \frac{z^3 + 2z + 1}{(z+i)^3} dz = \frac{2\pi i}{2!}(z^3 + 2z + 1)''|_{z=-i} = \pi i [6z]_{z=-i} = 6\pi$$

ii) 円 $C : |z-1| = 1$ のまわりに (反時計方向に), 次式の積分の値を求める.

$$\oint_C \frac{e^z}{(z-1)^2(z^2+4)} dz = 2\pi i \left(\frac{e^z}{z^2+4}\right)'\bigg|_{z=1} = 2\pi i \left[\frac{e^z(z^2+4) - e^z(2z)}{(z^2+4)^2}\right]_{z=1}$$
$$= 2\pi i \frac{e(5-2)}{25} = \frac{6\pi i}{25} e$$

練習問題 1.2

1. 図 1.18 に示すように, 0 から $1+i$ にいたる経路 C_1 と C_2 に沿って, 次の関数を積分せよ. ただし, 曲線 C_1 は, $x = y^2$ の一部とする.
    i) $f(z) = \overline{z}$
    ii) $f(z) = z^2$

2. 図 1.19 に示す円 $C : |z| = 3$ に対して, 次式の成立することを示せ.
$$\oint_C \frac{1}{z^2(z-1)} dz = 0$$

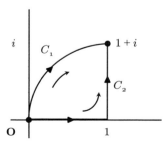

図 1.18 経路 C_1, C_2 に沿う線積分

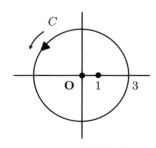

図 1.19 積分経路 C

34　　　　　　　　　　　　　1　複　素　解　析

3. 円 $C : |z - 1| = 1$ に対して，次式の成立することを示せ.

$$\oint_C \frac{1}{z^2 - 4z + 3} dz = -\pi i$$

4. 円 $C : |z| = 1$ に対して，次の積分の値を求めよ.

$$\oint_C \frac{z^3 + 1}{z^2 - 4iz} dz$$

1.3　留　数　の　理　論

　多くの応用問題では，関数 $f(z)$ が解析的でない点が存在し，場合によって
は，その点の近傍において関数 $f(z)$ を展開することも必要になる．そこで本
節では，新しい形式の級数 (ローラン展開) を導入する．このローラン級数の第
1(最初) の負ベキの項，$1/(z - a)$ の係数は，関数 $f(z)$ の a における**留数**と呼
ばれる．留数は閉曲線で囲まれた領域に関する複素数の周積分のみならず，複
雑な実数の積分に対しても役に立つ．まずは，解析関数をベキ級数で表示する
テイラー展開の復習から始めることにしよう．

1.3.1　テ イ ラ ー 展 開

　どのような解析関数 $f(z)$ も次の定理で示すようなベキ級数によって表される．
定理 2
関数 $f(z)$ が単一閉曲線 C によって囲まれた領域のいたるところで解析的 (正
則) であり，もし，z および，その近傍にある a が，ともに C の内部にあれば，
次式（テイラーの公式）が成立する．

$$f(z) = f(a) + f'(a)\frac{(z-a)}{1!} + f''(a)\frac{(z-a)^2}{2!} + \cdots + f^{(n-1)}(a)\frac{(z-a)^{n-1}}{(n-1)!} + R_n \tag{1.92}$$

　ただし，

$$R_n = \frac{(z-a)^n}{2\pi i} \oint_C \frac{f(t)}{(t-a)^n(t-z)} dt \tag{1.93}$$

である．これは，以下のように証明される．

1.3 留数の理論 35

コーシーの積分公式から，

$$f(z) = \frac{1}{2\pi i} \oint_C \frac{f(t)}{t - z} dt = \frac{1}{2\pi i} \oint_C \frac{f(t)}{t - a} \left\{ \frac{1}{1 - (z-a)/(t-a)} \right\} dt \quad (1.94)$$

ここで，次のような級数の和 $S = 1 + u + u^2 + \cdots + u^{n-1}$ について考えると，

$$S - uS = (1 - u)(1 + u + u^2 + \cdots + u^{n-1})$$
$$= (1 + u + u^2 + \cdots + u^{n-1}) - (u + u^2 + \cdots + u^n) = 1 - u^n$$

より，

$$S = 1 + u + u^2 + \cdots + u^{n-1} = \frac{1 - u^n}{1 - u}$$

であり，

$$\frac{1}{1 - u} = 1 + u + u^2 + \cdots + u^{n-1} + \frac{u^n}{1 - u}$$

これを 式 (1.94) の $\dfrac{1}{1 - (z-a)/(t-a)}$ に適用すると，

$$f(z) = \frac{1}{2\pi i} \oint_C \frac{f(t)}{t - a} \left\{ \frac{1}{1 - (z-a)/(t-a)} \right\} dt$$
$$= \frac{1}{2\pi i} \oint_C \frac{f(t)}{t - a} \left[1 + \frac{z-a}{t-a} + \left(\frac{z-a}{t-a} \right)^2 + \cdots \right.$$
$$\left. + \left(\frac{z-a}{t-a} \right)^{n-1} + \frac{(z-a)^n/(t-a)^n}{1 - (z-a)/(t-a)} \right] dt$$
$$= \frac{1}{2\pi i} \oint_C \frac{f(t)}{t-a} dt + \frac{z-a}{2\pi i} \oint_C \frac{f(t)}{(t-a)^2} dt + \cdots + \frac{(z-a)^{n-1}}{2\pi i} \oint_C \frac{f(t)}{(t-a)^n} dt$$
$$+ \frac{(z-a)^n}{2\pi i} \oint_C \frac{f(t)}{(t-a)^n(t-z)} dt \quad (1.95)$$

さらに，コーシーの積分公式を一般化した式 (1.82) を用いると，

$$f^{(n)}(a) = \frac{n!}{2\pi i} \oint_C \frac{f(z)}{(z-a)^{n+1}} dz$$

であることから，式 (1.95) の各項はそれぞれ

$$f(a) = \frac{1}{2\pi i} \oint_C \frac{f(t)}{t - a} dt$$
$$\frac{f'(a)}{1!}(z - a) = \frac{z-a}{2\pi i} \oint_C \frac{f(t)}{(t-a)^2} dt$$

$$\vdots$$

$$\frac{f^{(n-1)}(a)}{(n-1)!}(z-a)^{n-1} = \frac{(z-a)^{n-1}}{2\pi i}\oint_C \frac{f(t)}{(t-a)^n}dt$$

で置き換えることができる. よって, 式 (1.92), (1.93) が成り立つ.

また, テイラーの公式に含まれる無限級数

$$f(z) = f(a) + \frac{f'(a)}{1!}(z-a) + f''(a)\frac{(z-a)^2}{2!} + f'''(a)\frac{(z-a)^3}{3!} + \cdots \quad (1.96)$$

は, テイラー級数と呼ばれ, 関数 $f(z)$ は, その中心を a にもち, その内部で $f(z)$ が解析的となる任意の円内部のすべてにおいて有効な表現式である. テイラーの公式から, この級数が $f(z)$ に収束することを示すためには, n が ∞ に近づくとき, 式 (1.93) で示した R_n の絶対値が 0 に近づくよう z の値を決定する必要がある.

式 (1.93) より,

$$R_n = \frac{(z-a)^n}{2\pi i}\oint_C \frac{f(t)}{(t-a)^n(t-z)}dt$$

とするとき, 図 1.20 に示すように, r_1, r_2 を 2 つの円 C_1, C_2 の半径とし, それらは全体が C の内部にあって, 中心は点 a であると仮定する. 関数 $f(z)$ は C 内部のいたるところで解析的なので, z が a と同様に C_2 内部に存在すれば, R_n は C と C_2 の間の領域で解析的である. コーシーの積分定理より, これらの条件下で C まわりの積分は C_2 まわりの積分で置き換えられる. さらに z が C_1 内部にあれば, C_2 上のすべての t に対して次式を得る.

$$|t-a| = r_2, \quad |z-a| = r_1, \quad |t-z| > r_2 - r_1 \quad (1.97)$$

ここで, M を C_2 上の $|f(z)|$ の最大値とすると,

$$|f(t)| \le M \quad (1.98)$$

したがって, 式 (1.93) の分子を過大評価, 分母を過小評価すれば,

$$|R_n| = \left|\frac{(z-a)^n}{2\pi i}\oint_{C_2}\frac{f(t)}{(t-a)^n(t-z)}dt\right| \le \frac{|z-a|^n}{|2\pi i|}\oint_{C_2}\frac{|f(t)|}{|t-a|^n|t-z|}|dt|$$

$$< \frac{r_1^n}{2\pi}\oint_{C_2}\frac{M}{r_2^n(r_2-r_1)}|dt| = \frac{1}{2\pi}\left(\frac{r_1}{r_2}\right)^n\frac{M}{r_2-r_1}(2\pi r_2)$$

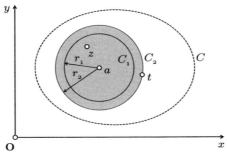

図 1.20 収束する円

$$= M \left(\frac{r_1}{r_2}\right)^n \frac{r_2}{r_2 - r_1} \tag{1.99}$$

$0 < r_1 < r_2$ より，$n \to \infty$ のとき，$R_n \to 0$ である．$z = a$ のまわりに描くことのできる最大の円は，$z = a$ の近傍における $f(z)$ の**収束円**と呼ばれ，その半径は**収束半径**と呼ばれる．

例題 1 関数 $f(z) = \dfrac{1}{1-z}$ を $z = 0$ のまわりで級数展開せよ．

解答 多くの場合，関数 $f(z)$ のテイラー級数は，式 (1.96) を直接計算するのではなく，各項の係数を $a_n = \dfrac{1}{n!} f^{(n)}(z_0)$ とすることによって，より簡便に求めることができる．

$$f(z) = \sum_{n=0}^{\infty} a_n (z - z_0)^n$$

$z_0 = 0$ とすると，$a_0 = 1$，$a_1 = 1$，$a_2 = 1$，$\cdots$ であることから，

$$f(z) = \frac{1}{1-z} = a_0 + a_1 z + a_2 z^2 + \cdots = \sum_{n=0}^{\infty} z^n = 1 + z + z^2 + \cdots$$

となる．ただし，$f(z)$ は $z = 1$ の点を除き，$|z| < 1$ で正則である．このとき，$z = 1$ の点は**特異点**（それ以外の関数 $f(z)$ が正則である点は正則点）と呼ばれ，ここで示したような，$z_0 = 0$ を中心とするテイラー級数展開を**マクローリン級数**と呼ぶ．

参考までに，$\mathrm{Log}\,(1+z)$ のマクローリン級数展開について考えると，例題 1 の結果から，

$$\frac{1}{1+z} = \frac{1}{1-(-z)} = 1 - z + z^2 - \cdots + (-1)^n z^n + \cdots \quad (|z| < 1)$$

38   1 複 素 解 析

であり，両辺を項別に積分すれば，

$$\text{Log}(1+z) = z - \frac{z^2}{2} + \frac{z^3}{3} - \cdots + (-1)^{n-1}\frac{z^n}{n} + \cdots \quad (|z| < 1)$$

が得られる．

例題 2 関数 $f(z) = \dfrac{1}{1+z^3}$ のマクローリン級数を求めよ．

解答 例題 1 の z に $-z^3$ を代入すると，例題 1 の解答より，

$$f(z) = \frac{1}{1-(-z^3)} = \sum_{n=0}^{\infty} (-z^3)^n = \sum_{n=0}^{\infty} (-1)^n z^{3n} = 1 - z^3 + z^6 - z^9 + \cdots$$

ただし，$|z| < 1$ である．

1.3.2 ローラン展開

テイラー展開するときは，その中心が正則点でなければならなかったが，ここでは，特異点を中心とする級数展開について考える．関数 $f(z)$ が解析的である円環 (中心を $z = a$ とする) 内で与えられており，円環の内側あるいは外側に特異点をもっているものとする．このとき，関数 $f(z)$ は，ローラン展開 (定理 3) によって，$z - a$ の正および負の整数によるベキ級数として表され，負のベキをもつ級数は，ローラン級数の主部と呼ばれる．

定理 3

2 つの同心円によって囲まれた閉領域 D のいたるところで $f(z)$ が解析的であるとき，それらの円で囲まれた環状領域のどの点においても $f(z)$ は，

$$f(z) = \sum_{n=-\infty}^{\infty} a_n (z-a)^n \tag{1.100}$$

$$a_n = \frac{1}{2\pi i} \oint_C \frac{f(t)}{(t-a)^{n+1}} dt \qquad (n = 0, \pm 1, \pm 2, \cdots) \tag{1.101}$$

あるいは，

$$f(z) = \sum_{n=0}^{\infty} a_n (z-a)^n + \sum_{n=1}^{\infty} \frac{b_n}{(z-a)^n}$$

$$= a_0 + a_1(z-a) + a_2(z-a)^2 + \cdots + \frac{b_1}{z-a} + \frac{b_2}{(z-a)^2} + \frac{b_3}{(z-a)^3} \cdots$$

$$\tag{1.102}$$

$$a_n = \frac{1}{2\pi i} \oint_C \frac{f(t)}{(t-a)^{n+1}} dt \qquad (n = 0, 1, 2, \cdots)$$
$$b_n = \frac{1}{2\pi i} \oint_C (t-a)^{n-1} f(t)\, dt \qquad (n = 1, 2, 3, \cdots) \qquad (1.103)$$

の級数で表される．ただし，a は 2 つの円に共通の中心である．この各積分は環状領域内にあって，その内側の境界線を囲んでいる任意の曲線 C（図 1.16(a) で示したような単一閉曲線を仮定する：$C = C_1 + C_2$）に沿って反時計方向にとられた積分である．これは，以下のように証明される．

図 1.21 に示すように，環状領域内の任意の点を z とする．式 (1.73) のコーシーの積分公式より，

$$f(z) = \frac{1}{2\pi i} \oint_{C_1+C_2} \frac{f(t)}{t-z} dt = \frac{1}{2\pi i} \oint_{C_2} \frac{f(t)}{t-z} dt + \frac{1}{2\pi i} \oint_{C_1} \frac{f(t)}{t-z} dt \quad (1.104)$$

であるが，C_1，C_2 両方の積分経路を反時計方向にとると，

$$\begin{aligned} f(z) &= \frac{1}{2\pi i} \oint_{C_2} \frac{f(t)}{t-z} dt - \frac{1}{2\pi i} \oint_{C_1} \frac{f(t)}{t-z} dt \\ &= \frac{1}{2\pi i} \oint_{C_2} \frac{f(t)}{t-a} \left\{ \frac{1}{1-(z-a)/(t-a)} \right\} dt \\ &\quad + \frac{1}{2\pi i} \oint_{C_1} \frac{f(t)}{z-a} \left\{ \frac{1}{1-(t-a)/(z-a)} \right\} dt \end{aligned} \qquad (1.105)$$

ここで，前項で得られた

$$\frac{1}{1-u} = 1 + u + u^2 + \cdots + u^{n-1} + \frac{u^n}{1-u}$$

を右辺の項にそれぞれ適用すると，

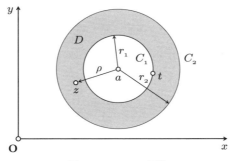

図 **1.21** ローラン展開

$$f(z) = \frac{1}{2\pi i} \oint_{C_2} \frac{f(t)}{t-a} \left\{ 1 + \frac{z-a}{t-a} + \cdots + \left(\frac{z-a}{t-a}\right)^{n-1} + \frac{(z-a)^n/(t-a)^n}{1-(z-a)/(t-a)} \right\} dt$$

$$+ \frac{1}{2\pi i} \oint_{C_1} \frac{f(t)}{z-a} \left\{ 1 + \frac{t-a}{z-a} + \cdots + \left(\frac{t-a}{z-a}\right)^{n-1} + \frac{(t-a)^n/(z-a)^n}{1-(t-a)/(z-a)} \right\} dt$$

$$(1.106)$$

すなわち,

$$f(z) = \frac{1}{2\pi i} \oint_{C_2} \frac{f(t)}{t-a} dt + \frac{z-a}{2\pi i} \oint_{C_2} \frac{f(t)}{(t-a)^2} dt + \cdots$$

$$+ \frac{(z-a)^{n-1}}{2\pi i} \oint_{C_2} \frac{f(t)}{(t-a)^n} dt + R_{n2}$$

$$+ \frac{1}{2\pi i} \left\{ \frac{1}{z-a} \oint_{C_1} f(t)\, dt + \frac{1}{(z-a)^2} \oint_{C_1} (t-a)f(t)\, dt + \cdots \right.$$

$$\left. + \frac{1}{(z-a)^n} \oint_{C_1} (t-a)^{n-1} f(t)\, dt \right\} + R_{n1}$$

ただし,

$$R_{n2} = \frac{(z-a)^n}{2\pi i} \oint_{C_2} \frac{f(t)}{(t-a)^n(t-z)} dt \qquad (1.107)$$

$$R_{n1} = \frac{1}{2\pi i(z-a)^n} \oint_{C_1} \frac{(t-a)^n f(t)}{z-t} dt \qquad (1.108)$$

このとき, $\displaystyle\lim_{n\to\infty} R_{n2} = 0$, $\displaystyle\lim_{n\to\infty} R_{n1} = 0$ が成り立てばよい (第 1 式について
は, すでにテイラー級数の導出時に証明した式 (1.99) の $|R_n|$ を参照). 第 2 式
については, C_1 上の t に対して,

$$|t-a| = r_1, \quad |z-a| = \rho \qquad (\rho \geq r_1) \qquad (1.109)$$

$$|z-t| = |(z-a) - (t-a)| \geq \rho - r_1, \quad |f(t)| \leq M \qquad (1.110)$$

ただし, M は C_1 上の $|f(t)|$ の最大値である.
したがって,

$$|R_{n1}| = \left| \frac{1}{2\pi i(z-a)^n} \oint_{C_1} \frac{(t-a)^n f(t)}{z-t} dt \right| \leq \frac{1}{|2\pi i||z-a|^n} \oint_{C_1} \frac{|t-a|^n |f(t)|}{|z-t|} |dt|$$

$$\leq \frac{r_1^n M}{2\pi \rho^n (\rho - r_1)} \oint_{C_1} |dt| = \frac{M}{2\pi} \left(\frac{r_1}{\rho}\right)^n \frac{2\pi r_1}{\rho - r_1} = M \left(\frac{r_1}{\rho}\right)^n \frac{r_1}{\rho - r_1}$$

$$(1.111)$$

1.3 留数の理論   41

式 (1.109) から，$0 < r_1/\rho < 1$ なので，$\displaystyle\lim_{n\to\infty} R_{n1} = 0$ となり，式 (1.100)，(1.101) で示したローランの定理

$$f(z) = \frac{1}{2\pi i} \oint_{C_2} \frac{f(t)}{t-a} dt + \left\{ \frac{1}{2\pi i} \oint_{C_2} \frac{f(t)}{(t-a)^2} dt \right\} (z-a)$$

$$+ \left\{ \frac{1}{2\pi i} \oint_{C_2} \frac{f(t)}{(t-a)^3} dt \right\} (z-a)^2 + \cdots + \left\{ \frac{1}{2\pi i} \oint_{C_1} f(t)\, dt \right\} \frac{1}{z-a}$$

$$+ \left\{ \frac{1}{2\pi i} \oint_{C_1} (t-a) f(t)\, dt \right\} \frac{1}{(z-a)^2}$$

$$+ \left\{ \frac{1}{2\pi i} \oint_{C_1} (t-a)^2 f(t)\, dt \right\} \frac{1}{(z-a)^3} + \cdots$$

が成立する．

例題 3　関数 $f(z) = \dfrac{1}{1-z}$ をローラン展開せよ．

解答

i)　$|z| < 1$ の場合：

例題 1 で示した解答より，

$$f(z) = \frac{1}{1-z} = \sum_{n=0}^{\infty} z^n = 1 + z + z^2 + z^3 + \cdots$$

ii)　$|z| > 1$ の場合：

$$f(z) = \frac{1}{1-z} = \frac{-1}{z(1-z^{-1})} = -\frac{1}{z} \sum_{n=0}^{\infty} z^{-n} = -\sum_{n=0}^{\infty} z^{-(n+1)} = -\frac{1}{z} - \frac{1}{z^2} - \frac{1}{z^3} - \cdots$$

となる．

例題 4　関数 $g(z) = \dfrac{1}{z^2 - z^3}$ を $z = 0$ を中心として，ローラン展開せよ．

解答

i)　$0 < |z| < 1$ の場合：

解答 3 の i) で得られた $f(z)$ の両辺に $\dfrac{1}{z^2}$ を乗じると，

$$g(z) = \frac{1}{z^2} \left(\frac{1}{1-z} \right) = \sum_{n=0}^{\infty} z^{n-2} = \frac{1}{z^2} + \frac{1}{z} + 1 + z + z^2 + \cdots$$

ii)　$|z| > 1$ の場合：

同様に，解答 3 の ii) で得られた $f(z)$ の両辺に $\dfrac{1}{z^2}$ を乗じると，

$$g(z) = \frac{1}{z^2} \left(\frac{1}{1-z} \right) = \frac{1}{z^3} \left(\frac{-1}{1-z^{-1}} \right) = -\frac{1}{z^3} \sum_{n=0}^{\infty} z^{-n}$$

$$= -\sum_{n=0}^{\infty} z^{-(n+3)} = -\frac{1}{z^3} - \frac{1}{z^4} - \frac{1}{z^5} - \cdots$$

となる.

1.3.3 留数積分法

関数 $f(z)$ が $z = a$ で解析的でないとき，$z = a$ は $f(z)$ の特異点である．もし，十分に小さな $R > 0$ を選ぶことによって，$f(z)$ の他の特異点が含まれないような a の近傍を $0 < |z - a| < R$ の形式で表現することができれば，$z = a$ は孤立特異点であると呼ばれる．また，1つの孤立特異点 $z = a$ における $f(z)$ のローラン展開式において，$(z - a)$ の負ベキを有限個しか含んでいなければ，$z = a$ は $f(z)$ の極と呼ばれ，$(z - a)^{-m}$ が，その展開式における最高次の負ベキであれば，その極は，位数 m である，とされる．すなわち，この場合，点 a は関数 $f(z)$ の m 位の極である．ここで，$f(z)$ のローラン展開における，第1の負ベキの項 $(z - a)^{-1}$ の係数 b_1 は，式 (1.103) の第2式 $(n = 1)$ より，

$$b_1 = \frac{1}{2\pi i} \oint_C f(z)\,dz$$

と求められ，その点における留数 (residue) と呼ばれる．留数は，$\mathrm{Res}\, f(z)$ で表す．

定理 4

関数 $f(z)$ が，閉曲線 C 内部の有限個の特異点を除いた C の内部および C 上で解析的であれば，

$$\oint_C f(z)\,dz = 2\pi i\,(r_1 + r_2 + r_3 + \cdots + r_n) \tag{1.112}$$

が成立する．これは，**留数定理**と呼ばれ，$r_1, r_2, r_3, \cdots, r_n$ は，C 内部における $f(z)$ の特異点である．これは，以下のように証明される．

関数 $f(z)$ のいくつかの孤立特異点を，その内部に含んでいる単一閉曲線 C を考える．各特異点のまわりには小さな円が描け，それらが C とともに $f(z)$ のあらゆるところで解析的となる**多重連結領域**の境界線を構成すれば，コーシーの積分定理を適用し，

$$\frac{1}{2\pi i} \oint_C f(z)\,dz + \frac{1}{2\pi i} \oint_{C_1} f(z)\,dz + \frac{1}{2\pi i} \oint_{C_2} f(z)\,dz + \cdots + \frac{1}{2\pi i} \oint_{C_n} f(z)\,dz = 0 \tag{1.113}$$

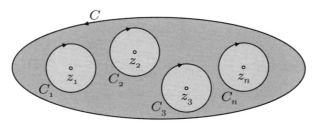

図 1.22　留数定理

ここで，図 1.22 のように，各円のまわりの積分方向を逆にし，各積分の符号も逆にすると，

$$\frac{1}{2\pi i}\oint_C f(z)\,dz = \frac{1}{2\pi i}\oint_{C_1} f(z)\,dz + \frac{1}{2\pi i}\oint_{C_2} f(z)\,dz + \cdots + \frac{1}{2\pi i}\oint_{C_n} f(z)\,dz \quad (1.114)$$

となり，留数定理が成り立つ．ただし，すべての積分は反時計方向になされている．

例題 5　例題 4 で与えられた関数 $g(z) = \dfrac{1}{z^2 - z^3}$ を，円 $C : |z| = \dfrac{1}{3}$ のまわりに時計方向に積分せよ．

解答　分母の $z^2 - z^3 = z^2(1-z)$ より，z は $z = 0, 1$ に特異点をもつ．ただし，$z = 1$ は，円 C の外部にあるため，ここで問題となるのは $z = 0$ のみである*．解答 4 の i) で示した $0 < |z| < 1$ におけるローラン級数は，

$$g(z) = \frac{1}{z^2}\left(\frac{1}{1-z}\right) = \sum_{n=0}^{\infty} z^{n-2} = \frac{1}{z^2} + \frac{1}{z} + 1 + z + z^2 + \cdots$$

であり，留数は 1 である．式 (1.112) で示した留数定理によって，時計まわりに関数 $g(z)$ を積分すると，

$$\oint_C \frac{1}{z^2 - z^3}\,dz = -2\pi i\,\mathrm{Res}\,g(z) = -2\pi i$$

となる．

* ある関数 $f(z)$ が $z = a$ で正則なとき，$f(z)$ は点 a でテイラー展開することが可能なので，$\dfrac{1}{z-a}$ の項は現れず，式 (1.101) における $a_{-1} = 0$ あるいは式 (1.103) における $b_1 = 0$ になる．つまり，留数定理から $f(z)$ が点 $z = a$ で正則のときには，$\mathrm{Res}\,f(z) = 0$ となる．

また，$f(z)$ が $z = a$ において位数 m の極であれば，$z = a$ における $f(z)$

の留数は，

$$\operatorname{Res} f(z) = b_1 = \frac{1}{(m-1)!} \lim_{z \to a} \frac{d^{m-1}}{dz^{m-1}} \{(z-a)^m f(z)\} \qquad (1.115)$$

と表される．これは，次のように証明される．

関数 $f(z)$ は $z = a$ において 1 つの 1 位の極（単純極）をもっているものと仮定する．すなわち，

$$f(z) = \frac{b_1}{z-a} + a_0 + a_1(z-a) + a_2(z-a)^2 + \cdots \qquad (1.116)$$

この恒等式の両辺に $(z-a)$ を乗じると，

$$(z-a)f(z) = b_1 + a_0(z-a) + a_1(z-a)^2 + \cdots \qquad (1.117)$$

となるので，

$$b_1 = \lim_{z \to a} \{(z-a)f(z)\} \qquad (1.118)$$

もし，$f(z)$ が $z = a$ において 2 位の極をもてば，

$$f(z) = \frac{b_2}{(z-a)^2} + \frac{b_1}{z-a} + a_0 + a_1(z-a) + a_2(z-a)^2 + \cdots \qquad (1.119)$$

この恒等式に $(z-a)^2$ を乗じると，b_1 を得るためには，$z \to a$ の前に z で微分する必要がある．

$$b_1 = \lim_{z \to a} \frac{d}{dz} \{(z-a)^2 f(z)\} \qquad (1.120)$$

同様の方法は，高位の極にまで拡張することが可能であり，式 (1.115) が成り立つ．

例題 6　関数 $f(z) = \dfrac{3z-i}{z(z^2+1)}$ とするとき，$z = i$ における留数を求めよ．

解答

$$\operatorname{Res} f(z) = \operatorname{Res} \frac{3z-i}{z(z+i)(z-i)} = \lim_{z \to i}(z-i)\frac{3z-i}{z(z+i)(z-i)}$$
$$= \left[\frac{3z-i}{z(z+i)}\right]_{z=i} = \frac{1}{i} = -i$$

ここで，$f(z) = \dfrac{p(z)}{q(z)}$ と表すことができ，なおかつ $p(z)$, $q(z)$ は解析的である

1.3 留 数 の 理 論　　　　45

とする．さらに，関数 $f(z)$ が，$z = z_0$ で単純極をもち，$p(z_0) \neq 0$，$q(z_0) = 0$ の条件を満たすと仮定すると，$z = z_0$ を中心とする $q(z)$ のテイラー級数は，

$$q(z) = (z - z_0)q'(z_0) + \frac{(z - z_0)^2}{2!}q''(z_0) + \cdots$$

である．したがって，

$$\operatorname{Res} f(z) = \lim_{z \to z_0} (z - z_0)\frac{p(z)}{q(z)} = \lim_{z \to z_0} \frac{(z - z_0)p(z)}{(z - z_0)\left\{ q'(z_0) + \dfrac{z - z_0}{2!}q''(z_0) + \cdots \right\}}$$

$$= \lim_{z \to z_0} \frac{p(z)}{q'(z_0) + \dfrac{z - z_0}{2!}q''(z_0) + \cdots}$$

すなわち，

$$\operatorname{Res} f(z) = \lim_{z \to z_0} (z - z_0)\frac{p(z)}{q(z)} = \frac{p(z_0)}{q'(z_0)}$$

となる．たとえば，例題 6 の場合，

$$\operatorname{Res} f(z) = \operatorname{Res} \frac{3z - i}{z(z^2 + 1)} = \left[\frac{3z - i}{3z^2 + 1} \right]_{z=i} = \frac{2i}{-2} = -i$$

であり，単純極の留数を，式 (1.115) とは別の手順で求めることもできる．

例題 7　関数 $f(z) = \dfrac{z^2}{(z - 1)^3}$ の留数を求めよ．

解答　$f(z)$ は $z = 1$ で 3 位の極をもつことから，式 (1.115) を適用し，

$$\operatorname{Res} f(z) = \frac{1}{2!} \lim_{z \to 1} \frac{d^2}{dz^2}(z - 1)^3 f(z) = \frac{1}{2} \lim_{z \to 1} \frac{d^2}{dz^2} z^2 = 1$$

となる．

例題 8　関数 $f(z) = \dfrac{z + 2}{(z + 1)(z - 3)} = \dfrac{1}{4}\left(\dfrac{5}{z - 3} - \dfrac{1}{z + 1} \right)$ を，単位円 $C : |z|$ $= 2$ のまわりに反時計方向に積分せよ．ここで，$f(z)$ の積分値を I とする．

解答

i)　コーシーの積分定理を利用する場合：

$z = 3$ は C の外部にあり，$z = -1$ は C の内部にあるので，

$$I = \oint_C f(z)\,dz = \oint_C \frac{1}{4}\left(\frac{5}{z - 3} - \frac{1}{z + 1} \right) dz = \frac{1}{4}(5 \cdot 0 - 1 \cdot 2\pi i) = -\frac{\pi}{2}i$$

ii)　コーシーの積分公式を利用する場合：

$z = 3$ は C の外部にあり，$z = -1$ は C の内部にあるので，$\dfrac{z + 2}{z - 3}$ は C の

46   1 複 素 解 析

内部で正則である．よって，

$$I = \oint_C f(z)\,dz = \oint_C \frac{1}{z+1}\left(\frac{z+2}{z-3}\right)dz = 2\pi i\left[\frac{z+2}{z-3}\right]_{z=-1} = -\frac{\pi}{2}i$$

iii) 留数定理を利用する場合：

$z = 3$ は $f(z)$ の 1 位の極で C の外部にあり，$z = -1$ は $f(z)$ の 1 位の極で C の内部にあることから，

$$I = \oint_C f(z)\,dz = 2\pi i\,\mathrm{Res}\,f(z) = 2\pi i\lim_{z\to-1}(z+1)f(z) = 2\pi i\lim_{z\to-1}\frac{z+2}{z-3} = -\frac{\pi}{2}i$$

1.3.4 実 数 の 積 分

本項では実数の被積分項に対し，複素積分と留数定理を利用することによって，積分値が求められることを示す．手始めに，関数 $F(\cos\theta, \sin\theta)$ が閉区間 $0 \leq \theta \leq 2\pi$ で有限な $\cos\theta$ および $\sin\theta$ の有理関数であるとし，

$$I = \int_0^{2\pi} F(\cos\theta, \sin\theta)d\theta$$

で表される積分値 I について考える．ここで，$f(z)$ を次の置換

$$\cos\theta = \frac{e^{i\theta} + e^{-i\theta}}{2} = \frac{z + z^{-1}}{2}, \quad \sin\theta = \frac{e^{i\theta} - e^{-i\theta}}{2i} = \frac{z - z^{-1}}{2i} \quad (z = e^{i\theta})$$

によって F から得られる z の関数とすれば，$z = e^{i\theta}$ であることから，$dz = ie^{i\theta}d\theta$ となり，

$$d\theta = \frac{dz}{iz}$$

したがって，

$$I = \int_0^{2\pi} F(\cos\theta, \sin\theta)\,d\theta = \oint_C \frac{f(z)}{iz}\,dz$$

となる．留数定理によって，積分値 I は関数 $\dfrac{f(z)}{iz}$ の単位円 $C : |z| = 1$ の内部に存在する，その極における留数の和に $2\pi i$ を乗じたものに等しい．

例題 9　変数 $z = e^{i\theta}$ は単位円 $C : |z| = 1$ を反時計方向に動くものとして，次の積分値 I を求めよ．

$$I = \int_0^{2\pi} \frac{1}{i + \sin\theta}\,d\theta$$

解答　$dz = ie^{i\theta}d\theta = izd\theta$ であり，

$$\sin\theta = \frac{e^{i\theta} - e^{-i\theta}}{2i} = \frac{z - z^{-1}}{2i} = \frac{1}{2i}\left(z - \frac{1}{z}\right)$$

と表せることから,

$$I = \int_0^{2\pi} \frac{1}{\left(i + \frac{1}{2i}\left(z - \frac{1}{z}\right)\right)}\, d\theta = \oint_C \frac{2i/iz}{-2 + \left(z - \frac{1}{z}\right)}\, dz$$
$$= \oint_C \frac{2}{(z - 1 + \sqrt{2})(z - 1 - \sqrt{2})}\, dz$$

被積分項は C の内部で単純極 $z = 1 - \sqrt{2}$ をもつ. $z = 1 - \sqrt{2}$ における留数は,

$$\mathrm{Res}\, \frac{2}{(z - 1 + \sqrt{2})(z - 1 - \sqrt{2})} = \left[\frac{2}{z - 1 - \sqrt{2}}\right]_{z = 1 - \sqrt{2}} = -\frac{1}{\sqrt{2}}$$

留数定理によって,

$$I = 2\pi i\left(-\frac{1}{\sqrt{2}}\right) = -\sqrt{2}\pi i$$

である.

定義 4

任意の $\epsilon > 0$ に対して十分に大きな自然数 N を定める. $\{f_n(z)\}$ は複素平面上の領域 D で定義された関数列であるとし,領域 D のすべての点 z に対して $n \geq N$ のとき, $|f_n(z) - f(z)| < \epsilon$ が成立すれば,関数列 $\{f_n(z)\}$ は領域 D で関数 $f(z)$ に一様収束するという.

定理 5

関数 $f(z)$ が有限個の極を除いた z 平面の上半分 (上半平面) で解析的であり,その極のどれもが実軸上には存在せず,さらに $0 \leq \arg z \leq \pi$ となる値の範囲で $z \to \infty$ となるとき, $|zf(z)|$ が 0 に一様収束すれば,積分値 $\int_{-\infty}^{\infty} f(x)\, dx$ は z 平面の上半分に存在する $f(z)$ の極における留数の和に $2\pi i$ を乗じたものに等しい.

これは,次のように証明される. 上半分の平面に存在する $f(z)$ のすべての極を含めるだけの大きい半径 R をもち,中心が $z = 0$ にある半円形の周を考える. 図 1.23 で示すように留数定理によって,

$$\oint_{C_1 + C_2} f(z)\, dz = 2\pi i \sum \mathrm{Res}\, f(z) = \int_{-R}^{R} f(x)\, dx + \oint_{C_2} f(z)\, dz \qquad (1.121)$$

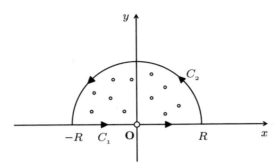

図 1.23　上半平面の積分経路

したがって，

$$\int_{-R}^{R} f(x)\,dx - 2\pi i \sum \operatorname{Res} f(z) = -\oint_{C_2} f(z)\,dz \tag{1.122}$$

ここで，$z = Re^{i\theta}$ とおくと，$dz = iRe^{i\theta}d\theta = iz d\theta$ なので，式 (1.122) の右辺の積分は，

$$-\oint_{C_2} f(z)\,dz = -\int_0^{\pi} iz f(z) d\theta \leq \int_0^{\pi} |zf(z)||d\theta| \tag{1.123}$$

であるが，仮定より $|zf(z)|$ は，$z \to \infty$ および $0 \leq \arg z \leq \pi$ のとき 0 に収束する．すなわち，任意の小さい正の量 ϵ/π に対しても $R > R_0$ であるとき，C_2 上の z のすべての値に対して $|zf(z)| < \epsilon/\pi$ となる半径 R_0 が存在する．$R > R_0$ に対しては，

$$\int_0^{\pi} |zf(z)||d\theta| < \frac{\epsilon}{\pi} \int_0^{\pi} |d\theta| = \epsilon \tag{1.124}$$

である．よって，$R \to \infty$ のとき，式 (1.122) の極限として，

$$\lim_{R\to\infty} \int_{-R}^{R} f(x)\,dx = \lim_{R\to\infty} \int_{-R}^{0} f(x)\,dx + \lim_{S\to\infty} \int_0^{S} f(x)\,dx = 2\pi i \sum \operatorname{Res} f(z) \tag{1.125}$$

が成立する．

最後に，特異積分 $\int_A^B f(x)\,dx$ について考える．ここで，被積分項は，積分区間内の点 $x = a$ で ∞ になると仮定する．すなわち，特異点を想定した

$$\lim_{x\to a} |f(x)| = \infty \tag{1.126}$$

の場合，

$$\int_A^B f(x)\,dx = \lim_{\epsilon \to 0} \int_A^{a-\epsilon} f(x)\,dx + \lim_{\eta \to 0} \int_{a+\eta}^B f(x)\,dx \qquad (1.127)$$

である．ϵ と η が $\epsilon = \eta$ を保ってゼロへ近づくとすると，

$$\lim_{\epsilon \to 0} \left[\int_A^{a-\epsilon} f(x)\,dx + \int_{a+\epsilon}^B f(x)\,dx \right] = \mathrm{pr.v.} \int_A^B f(x)\,dx \qquad (1.128)$$

となり，式 (1.128) の右辺 pr.v. (principal value) は，コーシーの主値と呼ばれる．

定理 6

閉曲線 Γ を $0 < r < R$ に対して，上半平面 $(0 \leq \theta \leq \pi)$ の 2 つの半円 $C_1 : z = a + Re^{i\theta}$, $C_2 : z = a + re^{i\theta}$ と x 軸上の線分で囲まれた経路とする (図 1.24)．関数 $f(z)$ が実軸上の $z = a$ で単純極 (1 位の極) をもつならば，C_2 は半円に沿う時計方向の積分であり，

$$\lim_{r \to 0} \int_{-C_2} f(z)\,dz = \pi i \operatorname{Res} f(z) \qquad (1.129)$$

となる．これは，以下のように証明される．

$f(z)$ は $z = a$ でローラン級数をもち，

$$f(z) = \frac{b_1}{z - a} + g(z), \quad b_1 = \operatorname{Res} f(z)$$

と表される．ここで，積分方向に注意すると，$C_2 : z = a + re^{i\theta}$ $(0 \leq \theta \leq \pi)$ であることから，$f(z)$ は C_2 と x 軸の間における，すべての z に対して解析的であり，さらに $g(z) \leq M$ とすれば，

$$\int_{-C_2} f(z)\,dz = \int_0^\pi \frac{b_1}{re^{i\theta}} ire^{i\theta}d\theta + \int_{-C_2} g(z)\,dz \leq b_1\pi i + M\pi r \qquad (1.130)$$

$r \to 0$ のとき，$\displaystyle\lim_{r \to 0} M\pi r = 0$ となるので，式 (1.130) は，

$$\int_{-C_2} f(z)\,dz \leq \pi i b_1 = \pi i \operatorname{Res} f(z) \qquad (1.131)$$

さて，実軸上の $z = a$ を特異点とし，十分に大きな R を仮定 $(R \to \infty)$ するならば，式 (1.124) より，半円 C_1 の周に沿う積分は 0 になる．したがって，図 1.24 で示す，閉曲線 Γ に関する積分は，上半平面内の特異点における $f(z)$

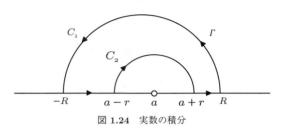

図 1.24 実数の積分

の留数の和を利用して,

$$\oint_\Gamma f(z)\,dz = \int_{C_1} f(z)\,dz + \int_{-R}^{a-r} f(x)\,dx + \int_{C_2} f(z)\,dz + \int_{a+r}^{R} f(x)\,dx$$

$$= 0 + \int_{-R}^{a-r} f(x)\,dx - \pi i \sum \mathrm{Res}\, f(z) + \int_{a+r}^{R} f(x)\,dx$$

$$= 2\pi i \sum \mathrm{Res}\, f(z) \tag{1.132}$$

となる.ここで,$R \to \infty$, $r \to 0$ であることから,式 (1.128) より,

$$\mathrm{pr.v.} \int_{-\infty}^{\infty} f(x)\,dx = 2\pi i \sum \mathrm{Res}\, f(z) + \pi i \sum \mathrm{Res}\, f(z) \tag{1.133}$$

である.なお,式 (1.133) の第 1 式の和は,上半平面のすべての極についてとり,第 2 の和は,実軸上の極(単純極)についてのみとる.

例題 10 関数 $f(x) = \dfrac{1}{(x^2+4)(x^2-3x+2)}$ について,コーシーの主値 $\mathrm{pr.v.} \displaystyle\int_{-\infty}^{\infty} f(x)\,dx$ を求めよ.

解答

$$\mathrm{pr.v.} \int_{-\infty}^{\infty} f(x)\,dx = \mathrm{pr.v.} \int_{-\infty}^{\infty} \frac{1}{(x^2+4)(x^2-3x+2)}\,dx$$

$$= \mathrm{pr.v.} \int_{-\infty}^{\infty} \frac{1}{(x^2+4)(x-1)(x-2)}\,dx$$

被積分関数を $f(z)$ とすれば,実軸上の $z = 1, 2$ さらに,上半平面内の $z = 2i$ で単純極をもつ.それぞれの留数を求めると,

$z = 1$ のとき,$\mathrm{Res}\, f(z) = \lim_{z \to 1}(z-1)f(z) = \lim_{z \to 1} \dfrac{1}{(z^2+4)(z-2)} = -\dfrac{1}{5}$

$z = 2$ のとき,$\mathrm{Res}\, f(z) = \lim_{z \to 2}(z-2)f(z) = \lim_{z \to 2} \dfrac{1}{(z^2+4)(z-1)} = \dfrac{1}{8}$

1.3 留数の理論 51

$z = 2i$ のとき, $\operatorname{Res} f(z) = \lim_{z \to 2i}(z - 2i)f(z) = \lim_{z \to 2i} \dfrac{1}{(z + 2i)(z^2 - 3z + 2)}$

$$= \frac{1}{24 - 8i} = \frac{3 + i}{80}$$

よって,

$$\text{pr.v.} \int_{-\infty}^{\infty} f(x)\,dx = 2\pi i\left(\frac{3 + i}{80}\right) + \pi i\left(-\frac{1}{5} + \frac{1}{8}\right) = -\frac{\pi}{40}$$

が得られる.

練習問題 1.3

1. 対数 $\operatorname{Ln}\dfrac{1 - z}{1 + z}$ を $|z| < 1$ として, $z = 0$ のまわりで級数展開せよ.

2. 指数関数 $f(z) = e^z$ を $z_0 = 0$ として, 級数展開せよ.

3. 三角関数 $\cos z$, $\sin z$ をマクローリン展開せよ.

4. 関数 $f(z) = z^3 e^{1/z}$ を $z = 0$ を中心として, ローラン展開せよ.

5. 関数 $f(z) = \dfrac{3}{(z - 1)(z - 2)}$ を次の円環領域でローラン展開せよ.

   i) $1 < |z| < 2$, ii) $0 < |z - 1| < 1$, iii) $|z - 2| > 1$

6. 関数 $f(z) = \dfrac{\cos z}{z^3}$ を, 単位円 $C : |z| = 1$ のまわりに反時計方向に積分せよ.

7. 関数 $f(z) = \dfrac{(z + 3)}{z(z - 1)(z - 2)}$ を, 単位円 $C : |z| = 3$ のまわりに反時計方向に積分せよ.

8. 関数 $f(z) = \dfrac{z^2}{z^6 + 1}$ として, 次の積分値 I を求めよ.

$$I = \int_{-\infty}^{\infty} f(x)\,dx = \int_{-\infty}^{\infty} \frac{x^2}{x^6 + 1}\,dx$$

2

フーリエ–ラプラス解析

2.1 フーリエ級数

ここでは，フーリエ級数による周期関数の展開方法について説明する．フーリエ級数は任意の周期 T の周期関数 $f(t)$ を，以下のように $\sin$ や $\cos$ などの三角関数の級数に展開する方法である．

$$a_0 + \sum_{n=1}^{\infty} (a_n \cos \omega_n t + b_n \sin \omega_n t), \quad \omega = 2\pi n/T$$

ここで a_n，b_n はフーリエ係数と呼ばれる．偶関数に対してはフーリエ余弦級数，奇関数に対してはフーリエ正弦級数が適用できる．また，複素指数関数 e^{int} による複素フーリエ級数があり，最も単純な展開形となる．

2.1.1 単振動による周期関数の展開

周期関数とはある一定周期 T ごとに同じような変化を繰り返す関数で，$f(t)$ を周期関数とすると任意の t に対して

$$f(t) = f(t + T) \tag{2.1}$$

となる性質をもっている．一定時間 T ごとに同じ運動を繰り返す周期運動は，時間 t の周期関数によって表現される．周期運動の身近な例としてはバネの振動があり，太陽のまわりを回る地球の公転も周期運動である．また，ラジオやテレビ映像を伝える電磁波も周期運動の形態をとっている．このように周期運動は自然現象においてたいへん重要な役割を果たしているが，そのなかでも最

も単純な運動は単振動と呼ばれるもので，余弦関数 cos，正弦関数 sin によって

$$f_s(t) = A\cos\omega t + B\sin\omega t \tag{2.2}$$

と表される．ここで ω は振動数と呼ばれ周期 T と $\omega = 2\pi/T$ の関係がある．A，B はそれぞれ cos と sin の振幅で，三角関数の公式を使うと

$$f_s(t) = C\cos(\omega t + \alpha) = C\sin(\omega t + \beta)$$

$$C = \sqrt{A^2 + B^2}, \quad \alpha = -\tan^{-1}(B/A), \quad \beta = \tan^{-1}(A/B)$$

と書き直される．A，B を C，α，β で表すと

$$A = C\cos\alpha = C\sin\beta, \quad B = -C\sin\alpha = C\cos\beta$$

となる．C は振幅，$\omega t + \alpha$，$\omega t + \beta$ は位相，α，β は初期位相と呼ばれる．時間とは限らず一般の変数 t に対して $f_s(t)$ を単振動と呼ぶ．

フーリエ級数とは，一般の周期関数を振動数 $\omega = 2\pi/T$ をもつ単振動 式(2.2) と，周期 T/n で，n 倍の振動数 $\omega_n = n\omega = 2\pi n/T$ をもつ単振動

$$f_s^n(t) = a_n\cos\omega_n t + b_n\sin\omega_n t \tag{2.3}$$

を加えた単振動の重ね合わせで表そうとする方法である．$n = 1$ のモード f_s^1 を基本波，$n \geq 2$ のモード f_s^n を高調波と呼ぶ．$n = 0$ のモードは $f_s^0 = a_0$（定数）で，時間によらない一定変位を表す．重ね合わせは無限級数で表され

$$\sum_{n=0}^{\infty} f_s^n(t) = a_0 + \sum_{n=1}^{\infty}(a_n\cos\omega_n t + b_n\sin\omega_n t) \tag{2.4}$$

となる．周期関数 $f(t)$ からこのような級数を自然に求める方法を次項で説明する．

2.1.2 三角関数の直交関係

余弦関数，正弦関数の積をとって $0 \leq t \leq 2\pi$ で積分を行うと，次のような直交関係が得られ，それによってフーリエ級数を簡単に求めることができる．

┌─ 三角関数の直交関係 1 ─

$$\int_0^{2\pi}\cos mt\,\cos nt\,dt = \pi\delta_{mn}(1 + \delta_{m0}) \tag{2.5a}$$

$$\int_0^{2\pi} \sin mt \, \sin nt \, dt = \pi \delta_{mn}(1 - \delta_{m0}) \tag{2.5b}$$

$$\int_0^{2\pi} \cos mt \, \sin nt \, dt = 0 \tag{2.5c}$$

ここで m, n は非負の整数である．δ_{mn} はクロネッカーのデルタと呼ばれる記号で

$$\delta_{mn} = \begin{cases} 1 & (m = n) \\ 0 & (m \neq n) \end{cases} \tag{2.6}$$

で定義される．一般の周期 T の三角関数に対しては，次のような関係式が得られる．

--- 三角関数の直交関係 2 ---

$$\int_0^T \cos \omega_m t \, \cos \omega_n t \, dt = \frac{T}{2} \delta_{mn}(1 + \delta_{m0}) \tag{2.7a}$$

$$\int_0^T \sin \omega_m t \, \sin \omega_n t \, dt = \frac{T}{2} \delta_{mn}(1 - \delta_{m0}) \tag{2.7b}$$

$$\int_0^T \cos \omega_m t \, \sin \omega_n t \, dt = 0 \tag{2.7c}$$

これらの関係式の証明は容易であると思われるので問 1 とする．

級数 式 (2.4) が収束するとし，その和を関数 $f(t)$ とする．このとき，

--- フーリエ級数 ---

$$f(t) = \sum_{n=0}^{\infty} f_s^n(t) = a_0 + \sum_{n=1}^{\infty} (a_n \cos \omega_n t + b_n \sin \omega_n t) \tag{2.8}$$

を $f(t)$ のフーリエ級数と呼ぶ．

この両辺に $\cos \omega_m t$ および $\sin \omega_m t$ をかけて $0 \leq t \leq T$ で積分を行うと

2.1 フーリエ級数　　　　　　　　　55

┌─ フーリエ係数を求める式 1 ─────────────────────

$$a_n = \frac{2}{T} \int_0^T f(t) \cos \omega_n t \, dt \qquad (n \geq 1) \qquad (2.9\text{a})$$

$$b_n = \frac{2}{T} \int_0^T f(t) \sin \omega_n t \, dt \qquad (n \geq 1) \qquad (2.9\text{b})$$

$$a_0 = \frac{1}{T} \int_0^T f(t) \, dt \qquad\qquad\qquad (2.9\text{c})$$

└──────────────────────────────────────

が得られる. a_n, b_n を $f(t)$ のフーリエ係数と呼ぶ.

証明　式 (2.8) の両辺に $\cos \omega_m t \ (m \geq 1)$ をかけて $0 \leq t \leq T$ で項別積分を行うと

$$\int_0^T f(t) \cos \omega_m t \, dt$$

$$= a_0 \int_0^T \cos \omega_m t \, dt + \sum_{n=1}^\infty a_n \int_0^T \cos \omega_n t \cos \omega_m t \, dt$$

$$+ \sum_{n=1}^\infty b_n \int_0^T \sin \omega_n t \cos \omega_m t \, dt$$

$$= \sum_{n=1}^\infty a_n \frac{T}{2} \delta_{mn} = \frac{T}{2} a_m$$

となり公式 (2.9a) が得られる. ここで式 (2.7a), (2.7c) を用いた. 式 (2.8) の両辺に $\sin \omega_m t \ (m \geq 1)$ をかけて $0 \leq t \leq T$ で積分を行うと同様にして式 (2.9b) が得られる. 式 (2.8) の両辺を $0 \leq t \leq T$ で積分すると式 (2.9c) が得られる.

　ところで, 公式 (2.9a) 〜 (2.9c) において積分区間は $0 \leq t \leq T$ であるが, これを l を任意の定数として $l \leq t \leq T + l$ としてもかまわないことが, 次のようにしてわかる.

$$\int_l^{T+l} f(t) \cos \omega_n t \, dt = \int_l^T f(t) \cos \omega_n t \, dt + \int_T^{T+l} f(t) \cos \omega_n t \, dt$$

$$= \int_l^T f(t) \cos \omega_n t \, dt + \int_0^l f(t+T) \cos \omega_n (t+T) \, dt$$

$f(t)$ の周期性より, $f(t+T) = f(t)$, また $\cos \omega_n t$ も周期 T の周期関数であるから $\cos \omega_n (t+T) = \cos \omega_n t$ となる. したがって,

$$\int_l^{T+l} f(t)\cos\omega_n t\, dt = \int_l^T f(t)\cos\omega_n t\, dt + \int_0^l f(t)\cos\omega_n t\, dt$$

$$= \int_0^T f(t)\cos\omega_n t\, dt \tag{2.10}$$

が成り立つ. たとえば $l = -T/2$ ととると

── フーリエ係数を求める式 2 ──

$$a_n = \frac{2}{T}\int_{-T/2}^{T/2} f(t)\cos\omega_n t\, dt \qquad (n \geq 1) \tag{2.11a}$$

$$b_n = \frac{2}{T}\int_{-T/2}^{T/2} f(t)\sin\omega_n t\, dt \qquad (n \geq 1) \tag{2.11b}$$

$$a_0 = \frac{1}{T}\int_{-T/2}^{T/2} f(t)\, dt \tag{2.11c}$$

で, この公式もよく使われる.

$T = 2\pi$ のとき $\omega_n = n$ で, 式 (2.8) は周期が 2π で,

$$f(t) = a_0 + \sum_{n=1}^{\infty} (a_n\cos nt + b_n\sin nt) \tag{2.12}$$

となり, これがフーリエ級数の最も基本的な形である.

問 1 直交関係式 (2.5a) ～ (2.5c), (2.7a) ～ (2.7c) を示せ.

2.1.3 フーリエ級数の例

有限区間 $0 \leq t \leq T$ で定義された関数 $f(t)$ が与えられているとする. この関数を t の正, または負の方向へ平行移動することによって無限区間 $-\infty < t < \infty$ で定義された周期関数 $f(t)$ (同じ記号を用いる) をつくることができる. これを周期関数への拡張と呼ぶ. 数学的には n を整数として

$$f(t) := f(t - nT) \qquad (nT \leq t < (n+1)T) \tag{2.13}$$

とすればよい. もし $f(t)$ が $-T/2 \leq t \leq T/2$ で定義されていたら

$$f(t) := f(t - nT) \qquad ((n-1/2)T \leq t < (n+1/2)T) \tag{2.14}$$

とすればよい．

次に，このようにしてつくった簡単な周期関数のフーリエ級数を計算してみよう．周期 T を定め，公式 (2.9a)〜(2.9c) または (2.11a)〜(2.11c) に当てはめればよい．

例題 1
$$f(t) = \begin{cases} 1 & (0 \leq t < \pi) \\ 0 & (\pi \leq t < 2\pi) \end{cases}$$

解答 この場合は $T = 2\pi$ で，積分区間は $0 \leq t \leq 2\pi$ となる．図 2.1 に $f(t)$ のグラフを示す．公式 (2.9a)〜(2.9c) へ代入すると

$$a_n = \frac{1}{\pi}\int_0^{\pi}\cos nt\,dt = \frac{1}{\pi}\left[\frac{1}{n}\sin nt\right]_0^{\pi} = 0 \qquad (n \neq 0)$$

$$b_n = \frac{1}{\pi}\int_0^{\pi}\sin nt\,dt = \frac{1}{\pi}\left[-\frac{1}{n}\cos nt\right]_0^{\pi} = \frac{1}{n\pi}\{1-(-1)^n\}$$

$$a_0 = \frac{1}{2\pi}\int_0^{\pi}dt = \frac{1}{2}$$

となり，

$$f(t) = \frac{1}{2} + \sum_{n=1}^{\infty}\frac{1}{n\pi}(1-(-1)^n)\sin nt$$

が得られる．

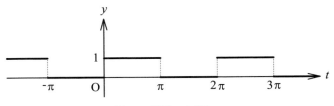

図 2.1 例題 1 のグラフ

例題 2
$$f(t) = t \qquad (-\pi \leq t < \pi)$$

解答 この場合も $T = 2\pi$ で，積分区間は $-\pi \leq t \leq \pi$ となる．図 2.2 に $f(x)$ のグラフを示す．公式 (2.11a)〜(2.11c) へ代入すると

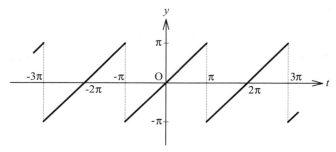

図 2.2 例題 2 のグラフ

$$a_n = \frac{1}{\pi}\int_{-\pi}^{\pi} t\cos nt\,dt = \frac{1}{\pi}\left\{\left[t\frac{1}{n}\sin nt\right]_{-\pi}^{\pi} - \frac{1}{n}\int_{-\pi}^{\pi}\sin nt\,dt\right\}$$
$$= \frac{1}{n^2\pi}[\cos nt]_{-\pi}^{\pi} = 0 \qquad (n \neq 0)$$

$$b_n = \frac{1}{\pi}\int_{-\pi}^{\pi} t\sin nt\,dt = \frac{1}{\pi}\left\{-\left[t\frac{1}{n}\cos nt\right]_{-\pi}^{\pi} + \frac{1}{n}\int_{-\pi}^{\pi}\cos nt\,dt\right\}$$
$$= \frac{1}{\pi}\left\{-\frac{2\pi}{n}\cos n\pi + \frac{1}{n^2}[\sin nt]_{-\pi}^{\pi}\right\} = \frac{2}{n}(-1)^{n+1} \qquad (n \neq 0)$$

$$a_0 = \frac{1}{2\pi}\int_{-\pi}^{\pi} t\,dt = 0$$

となり，

$$f(t) = t = \sum_{n=1}^{\infty}\frac{2}{n}(-1)^{n+1}\sin nt \tag{2.15}$$

が得られる．この式で $t = \pi/2$ とすると

$$\frac{\pi}{2} = 2\sum_{n=1}^{\infty}\frac{(-1)^{n+1}}{n}\sin\frac{n\pi}{2} = 2\sum_{m=0}^{\infty}\frac{(-1)^m}{2m+1} \qquad (n = 2m+1 \text{ とおいた}) \tag{2.16}$$

となり，π の近似値計算に利用できる．これをライプニッツの公式という．

問 2 次の関数のフーリエ級数を計算せよ．

$$f(t) = \begin{cases} -1 & (-\pi \leq t < 0) \\ t & (0 \leq t < \pi) \end{cases}$$

例題 3 $$f(t) = t(1-t) \qquad (0 \leq t < 1)$$

解答 この場合は $T = 1$ で，積分領域は $[0, 1]$ となる．図 2.3 に $f(t)$ のグラフを示す．公式 (2.9a)～(2.9c) へ代入すると

$$a_n = 2\int_0^1 t(1-t)\cos 2n\pi t\, dt = 2\left(\int_0^1 t\cos 2n\pi t\, dt - \int_0^1 t^2\cos 2n\pi t\, dt\right)$$

$$= 2\left(\left[t\frac{\sin 2n\pi t}{2n\pi}\right]_0^1 - \int_0^1 \frac{\sin 2n\pi t}{2n\pi}\, dt\right)$$

$$- 2\left(\left[t^2\frac{\sin 2n\pi t}{2n\pi}\right]_0^1 - \int_0^1 2t\frac{\sin 2n\pi t}{2n\pi}\, dt\right)$$

$$= -\frac{1}{n\pi}\left[-\frac{\cos 2n\pi t}{2n\pi}\right]_0^1 + \frac{2}{n\pi}\int_0^1 t\sin 2n\pi t\, dt$$

$$= \frac{1}{2n^2\pi^2}(\cos 2n\pi - 1) + \frac{2}{n\pi}\left(\left[-t\frac{\cos 2n\pi t}{2n\pi}\right]_0^1 + \int_0^1 \frac{\cos 2n\pi t}{2n\pi}\, dt\right)$$

$$= \frac{2}{n\pi}\left(-\frac{1}{2n\pi} + \frac{1}{2n\pi}\left[\frac{\sin 2n\pi t}{2n\pi}\right]_0^1\right) = -\frac{1}{n^2\pi^2}$$

$$b_n = 2\int_0^1 t(1-t)\sin 2n\pi t\, dt = 2\left(\int_0^1 t\sin 2n\pi t\, dt - \int_0^1 t^2\sin 2n\pi t\, dt\right)$$

$$= 2\left(\left[-t\frac{\cos 2n\pi t}{2n\pi}\right]_0^1 + \int_0^1 \frac{\cos 2n\pi t}{2n\pi}\, dt\right)$$

$$+ 2\left(\left[t^2\frac{\cos 2n\pi t}{2n\pi}\right]_0^1 - \int_0^1 2t\frac{\cos 2n\pi t}{2n\pi}\, dt\right)$$

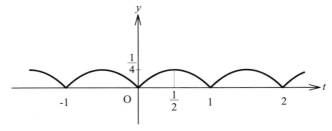

図 2.3 例題 3 のグラフ

$$= -\frac{\cos 2n\pi}{n\pi} + \frac{1}{n\pi}\left[\frac{\sin 2n\pi t}{2n\pi}\right]_0^1 + \left(\frac{\cos 2n\pi}{n\pi} - \frac{2}{n\pi}\int_0^1 t\cos 2n\pi t\, dt\right)$$

$$= -\frac{2}{n\pi}\left(\left[t\frac{\sin 2n\pi t}{2n\pi}\right]_0^1 - \int_0^1 \frac{\sin 2n\pi t}{2n\pi}\, dt\right) = -\frac{1}{n^2\pi^2}\left[\frac{\cos 2n\pi t}{2n\pi}\right]_0^1 = 0$$

$$a_0 = \int_0^1 t(1-t)\, dt = \frac{1}{6}$$

となり，

$$f(t) = \frac{1}{6} - \sum_{n=1}^{\infty}\frac{1}{n^2\pi^2}\cos 2n\pi t$$

が得られる．

例題 4

$$f(t) = \begin{cases} \sin t & (0 \le t < \pi) \\ 0 & (\pi \le t < 2\pi) \end{cases}$$

解答 図 2.4 に $f(t)$ のグラフを示す．公式 (2.9a) 〜 (2.9c) へ代入すると

$$a_n = \frac{1}{\pi}\int_0^{\pi}\sin t \cos nt\, dt = \frac{1}{2\pi}\int_0^{\pi}\{\sin(1+n)t + \sin(1-n)t\}\, dt$$

となる．$n \ne 1$ のとき

$$a_n = \frac{1}{2\pi}\left[-\frac{\cos(n+1)t}{n+1} + \frac{\cos(n-1)t}{n-1}\right]_0^{\pi}$$

$$= \frac{1}{2\pi}\left\{\frac{1-\cos(n+1)\pi}{n+1} + \frac{\cos(n-1)\pi - 1}{n-1}\right\}$$

$$= \frac{1}{2\pi}[1 - (-1)^{n+1}]\left(\frac{1}{n+1} - \frac{1}{n-1}\right) = \frac{(-1)^{n+1} - 1}{(n^2-1)\pi}$$

$$a_1 = \frac{1}{2\pi}\int_0^{\pi}\sin 2t\, dt = 0$$

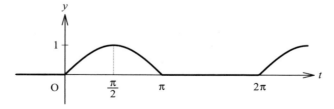

図 **2.4** 例題 4 のグラフ

$$a_0 = \frac{1}{2\pi} \int_0^\pi \sin t \, dt = \frac{1}{\pi}$$

$$b_n = \frac{1}{\pi} \int_0^\pi \sin t \sin nt \, dt = \frac{1}{2\pi} \int_0^\pi \{\cos(1-n)t - \cos(1+n)t\} \, dt$$

$n \neq 1$ のとき

$$b_n = \frac{1}{2\pi} \left[\frac{\sin(n-1)t}{n-1} - \frac{\sin(n+1)t}{n+1} \right]_0^\pi = 0$$

$$b_1 = \frac{1}{2\pi} \int_0^\pi \{1 - \cos 2t\} \, dt = \frac{1}{2}$$

となり

$$f(t) = \frac{1}{\pi} + \sum_{n=2}^\infty \frac{(-1)^{n+1} - 1}{(n^2 - 1)\pi} \cos nt + \frac{1}{2} \sin t$$

が得られる.

問 3 次の関数のフーリエ級数を計算せよ.

$$f(t) = \begin{cases} \cos 2t & (-\pi/2 \leq t < \pi/2) \\ 0 & (\pi/2 \leq |t| < \pi) \end{cases}$$

2.1.4 フーリエ余弦・正弦級数

周期関数 $f(t)$ が偶関数のとき, すなわち, 任意の t に対して $f(t) = f(-t)$ を満たすとき, すべての n に対して $b_n = 0$ となることは式 (2.11b) から明らかである. このとき, $f(t)$ のフーリエ級数は余弦関数だけで表される. これをフーリエ余弦級数という. 前項の例題 3 がこれにあたる. 余弦級数の係数 a_n は, 公式 (2.11a), (2.11c) より

フーリエ余弦級数の係数を求める式

$$a_n = \frac{4}{T} \int_0^{T/2} f(t) \cos \omega_n t \, dt \qquad (n \geq 1) \tag{2.17a}$$

$$a_0 = \frac{2}{T} \int_0^{T/2} f(t) \, dt \tag{2.17b}$$

となる.

一方, $f(t)$ が奇関数のとき, すなわち, 任意の t に対して $f(t) = -f(-t)$

という性質をもつとき，すべての n に対して $a_n = 0$ となることは式 (2.11a)，(2.11c) から明らかである．このとき，$f(t)$ のフーリエ級数は正弦関数だけで表される．これをフーリエ正弦級数という．前項の例題 2 がこれにあたる．正弦級数の係数 b_n は，式 (2.11b) より

フーリエ正弦級数の係数を求める式

$$b_n = \frac{4}{T} \int_0^{T/2} f(t) \sin \omega_n t \, dt \qquad (n \geq 1) \tag{2.18}$$

となる．

例題 5

$$f(t) = t^2 \qquad (-\pi \leq t < \pi)$$

は偶関数なのでフーリエ余弦級数を求めてみよう．図 2.5 に $f(t)$ のグラフを示す．

解答

$$a_n = \frac{2}{\pi} \int_0^\pi t^2 \cos nt \, dt = \frac{2}{\pi} \left(\left[t^2 \frac{\sin nt}{n} \right]_0^\pi - 2 \int_0^\pi t \frac{\sin nt}{n} dt \right)$$

$$= -\frac{4}{n\pi} \int_0^\pi t \sin nt \, dt = -\frac{4}{n\pi} \left(- \left[t \frac{\cos nt}{n} \right]_0^\pi + \int_0^\pi \frac{\cos nt}{n} dt \right)$$

$$= \frac{4(-1)^n}{n^2}$$

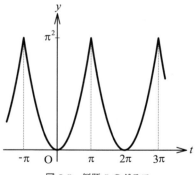

図 2.5 例題 5 のグラフ

$$a_0 = \frac{1}{\pi} \int_0^\pi t^2 dt = \frac{\pi^2}{3}$$

となり，

$$f(t) = t^2 = \frac{\pi^2}{3} + 4\sum_{n=1}^\infty \frac{(-1)^n}{n^2} \cos nt \tag{2.19}$$

が得られる．

式 (2.19) で $t = 0$ とおくと

$$\pi^2 = 12 \sum_{n=1}^\infty \frac{(-1)^{n+1}}{n^2} \tag{2.20}$$

$t = -\pi$ とおくと

$$\pi^2 = 6 \sum_{n=1}^\infty \frac{1}{n^2} \tag{2.21}$$

これらはどちらも式 (2.16) のように π の近似値を求めるのに利用することができる．

例題 6

$$f(t) = \sin \frac{t}{2} \qquad (-\pi \le t < \pi)$$

は奇関数なのでフーリエ正弦級数を求めてみよう．図 2.6 に $f(t)$ のグラフを示す．

解答

$$b_n = \frac{2}{\pi} \int_0^\pi \sin \frac{t}{2} \sin nt \, dt = \frac{1}{\pi} \int_0^\pi \left\{ \cos\left(n - \frac{1}{2}\right)t - \cos\left(n + \frac{1}{2}\right)t \right\} dt$$
$$= \frac{1}{\pi} \left[\frac{\sin\left(n - \frac{1}{2}\right)t}{n - \frac{1}{2}} - \frac{\sin\left(n + \frac{1}{2}\right)t}{n + \frac{1}{2}} \right]_0^\pi$$

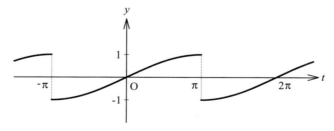

図 2.6 例題 6 のグラフ

$$= \frac{1}{\pi} \left\{ \frac{\sin\left(n - \frac{1}{2}\right)\pi}{n - \frac{1}{2}} - \frac{\sin\left(n + \frac{1}{2}\right)\pi}{n + \frac{1}{2}} \right\}$$

$$= \frac{\cos n\pi}{\pi} \left(-\frac{1}{n - \frac{1}{2}} - \frac{1}{n + \frac{1}{2}} \right) = \frac{(-1)^{n+1}}{\pi} \frac{8n}{4n^2 - 1}$$

となり，

$$f(t) = \frac{8}{\pi} \sum_{n=1}^{\infty} \frac{(-1)^{n+1}n}{4n^2 - 1} \sin nt \tag{2.22}$$

が得られる.

問 4 次の関数のフーリエ余弦級数を計算せよ.

$$f(t) = |t^3| \qquad (-\pi \le t < \pi)$$

2.1.5 多様なフーリエ級数展開法

前項までの説明によって，周期関数は，その偶奇性により通常のフーリエ級数，フーリエ余弦級数，フーリエ正弦級数に展開されることがわかった．関数 $f(t)$ が区間 $[0, T]$ において定義されているとき，式 (2.13) のように周期的に拡張すれば周期 T の周期関数が得られるが，最初に，ある方法にしたがって区間 $-T \le t \le T$ へ拡張し，それをさらに周期的に拡張することによって，周期 $2T$ の周期関数を得ることができる．1 つの方法は，

偶関数への拡張

$$f_e(t) = \begin{cases} f(t) & (t \ge 0) \\ f(-t) & (t < 0) \end{cases} \tag{2.23}$$

とする方法で，$f_e(t)$ は偶関数となる．$f_e(t)$ を周期 $2T$ の周期関数に拡張すると，偶関数の周期関数が得られる．このような方法を偶関数への拡張，あるいは偶拡張と呼ぶ．偶関数 $f_e(t)$ のフーリエ級数を計算するとフーリエ余弦級数となり，係数 a_n は，公式 (2.17a)，(2.17b) より

$$a_n = \frac{2}{T} \int_0^T f(x) \cos \frac{n\pi}{T} x \, dx \qquad (n \ge 1) \tag{2.24a}$$

$$a_0 = \frac{1}{T}\int_0^T f(x)dx \qquad (2.24\text{b})$$

で計算される. もう 1 つの方法は

奇関数への拡張

$$f_o(t) = \begin{cases} f(t) & (t \geq 0) \\ -f(-t) & (t < 0) \end{cases} \qquad (2.25)$$

とする方法で, $f_o(t)$ は奇関数となる. $f_o(x)$ を周期 $2T$ の周期関数に拡張すると, 奇関数の周期関数が得られる. このような方法を**奇関数への拡張**, あるいは**奇拡張**と呼ぶ. 奇関数 $f_o(x)$ のフーリエ級数を計算するとフーリエ正弦級数となり, 係数 b_n は公式 (2.18) より

$$b_n = \frac{2}{T}\int_0^T f(t)\sin\frac{n\pi}{T}t\,dt \qquad (n \geq 1) \qquad (2.26)$$

で計算される. したがって, 有限区間で与えられた関数をフーリエ級数に展開する場合, 少なくとも 3 つの異なった級数が可能である.

例題 7

$$f(t) = t \qquad (0 \leq t < \pi) \qquad (2.27)$$

上の関数を, 3 通りの異なったフーリエ級数に展開してみよう.

解答 これを普通に, 周期 $T = \pi$ の関数として周期関数に拡張してフーリエ級数に展開すると, 式 (2.9a)〜(2.9c) へ代入して

$$a_n = \frac{2}{\pi}\int_0^\pi t\cos 2nt\,dt = \frac{2}{\pi}\left(\left[t\frac{\sin 2nt}{2n}\right]_0^\pi - \frac{1}{2n}\int_0^\pi \sin 2nt\,dt\right)$$
$$= \frac{1}{2n^2\pi}[\cos 2nt]_0^\pi = 0 \qquad (n \geq 1)$$

$$b_n = \frac{2}{\pi}\int_0^\pi t\sin 2nt\,dt = \frac{2}{\pi}\left(-\left[t\frac{\cos 2nt}{2n}\right]_0^\pi + \frac{1}{2n}\int_0^\pi \cos 2nt\,dt\right)$$
$$= \frac{2}{\pi}\left(-\frac{\pi}{2n}\cos 2n\pi + \frac{1}{4n^2}[\sin 2nx]_0^\pi\right) = -\frac{1}{n} \qquad (n \geq 1)$$

$$a_0 = \frac{1}{\pi}\int_0^\pi t\,dt = \frac{\pi}{2}$$

となり,

$$f_1(t) = \frac{\pi}{2} - \sum_{n=1}^{\infty} \frac{1}{n} \sin 2nt$$

が得られる.

次に, $f(t)$ を偶関数への拡張をしてフーリエ余弦関数に展開すると, 式 (2.24a) 〜(2.24b) で $T = \pi$ とおいて

$$a_n = \frac{2}{\pi} \int_0^{\pi} t \cos nt \, dt = \frac{2}{\pi} \left(\left[t \frac{\sin nx}{n} \right]_0^{\pi} - \frac{1}{n} \int_0^{\pi} \sin nt \, dt \right)$$
$$= \frac{2}{n^2 \pi} [\cos nt]_0^{\pi} = \frac{2}{n^2 \pi} ((-1)^n - 1) \qquad (n \geq 1)$$
$$a_0 = \frac{1}{\pi} \int_0^{\pi} t \, dt = \frac{\pi}{2}$$

となり,

$$f_2(t) = \frac{\pi}{2} + \sum_{n=1}^{\infty} \frac{2}{n^2 \pi} ((-1)^n - 1) \cos nt$$

が得られる.

最後に, $f(t)$ を奇関数への拡張をしてフーリエ正弦関数に展開すると, 式 (2.26) で $T = \pi$ とおいて

$$b_n = \frac{2}{\pi} \int_0^{\pi} t \sin nt \, dt = \frac{2}{\pi} \left(- \left[t \frac{\cos nt}{n} \right]_0^{\pi} + \frac{1}{n} \int_0^{\pi} \cos nt \, dt \right)$$
$$= \frac{2}{\pi} \left(-\frac{\pi}{n} \cos n\pi + \frac{1}{n^2} [\sin nx]_0^{\pi} \right) = \frac{2}{n} (-1)^{n+1} \qquad (n \geq 1)$$

となり,

$$f_3(t) = \sum_{n=1}^{\infty} \frac{2}{n} (-1)^{n+1} \sin nt$$

が得られる. 実はこのフーリエ級数は, 例題 2 の解とまったく同じである. その理由は奇関数への拡張をした関数が, 例題 2 で定義された関数と同じであるからで, 当然の結果である. 図 2.7 に $f_1(t), f_2(t), f_3(t)$ のグラフを示す.

問 5

$$f(t) = t^2 \qquad (0 \leq t < \pi)$$

に対して例題 7 と同様の計算をしてみよ.

以上のようにして, 有限区間 $0 \leq t \leq T$ で与えられた (元々は周期的でない)

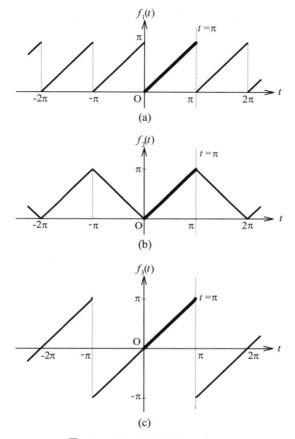

図 2.7　$f_1(t), f_2(t), f_3(t)$ のグラフ

関数は，通常のフーリエ級数，フーリエ余弦級数，フーリエ正弦級数のどれにでも展開することができる．一度フーリエ級数に展開されると，次項に示すように，その展開係数を用いてさまざまな量を容易に計算することができる．

2.1.6　スペクトル

太陽光線をプリズムに通すと光は虹の7色のように分解される．光学ではこれをスペクトル分解と呼ぶ．この現象は，波動としての光をフーリエ級数に展開することに対応している．

68　　　　　　　　　　2　フーリエ–ラプラス解析

周期が T の任意の関数 $F(t)$ に対して $\langle\ \ \rangle$ は，周期平均を意味するとする．

周期平均

$$\langle F(t)\rangle := \frac{1}{T}\int_0^T F(t)\,dt \tag{2.28}$$

周期関数 $f(t)$ のフーリエ級数

$$f(t) = a_0 + \sum_{n=1}^{\infty}\left(a_n\cos\omega_n t + b_n\sin\omega_n t\right) \tag{2.29}$$

から

$$\langle f(t)\rangle = a_0 \tag{2.30}$$

となり，a_0 は $f(t)$ の周期平均である．別の周期関数 $g(t)$ のフーリエ級数を

$$g(t) = d_0 + \sum_{n=1}^{\infty}\left(d_n\cos\omega_n t + e_n\sin\omega_n t\right) \tag{2.31}$$

とすると

$$\langle f(t)g(t)\rangle = a_0 d_0 + \frac{1}{2}\sum_{n=1}^{\infty}\left(a_n d_n + b_n e_n\right) \tag{2.32}$$

となる．

証明　式 (2.29)，(2.31) より

$$
\begin{aligned}
f(t)g(t) = {}& a_0 d_0 + a_0\sum_{n=1}^{\infty}\left(d_n\cos\omega_n t + e_n\sin\omega_n t\right)\\
& + d_0\sum_{m=1}^{\infty}\left(a_m\cos\omega_m t + b_m\sin\omega_m t\right)\\
& + \sum_{m=1}^{\infty}\sum_{n=1}^{\infty}a_m d_n\cos\omega_m t\cos\omega_n t + \sum_{m=1}^{\infty}\sum_{n=1}^{\infty}a_m e_n\cos\omega_m t\sin\omega_n t\\
& + \sum_{m=1}^{\infty}\sum_{n=1}^{\infty}b_m d_n\sin\omega_m t\cos\omega_n t + \sum_{m=1}^{\infty}\sum_{n=1}^{\infty}b_m e_n\sin\omega_m t\sin\omega_n t
\end{aligned}
$$

が成り立つ．式 (2.7a)〜(2.7c) を用いると

$$\int_0^T f(t)g(t)\,dt = a_0 d_0 T + \sum_{m=1}^{\infty}\sum_{n=1}^{\infty}a_m d_n\frac{T}{2}\delta_{mn} + \sum_{m=1}^{\infty}\sum_{n=1}^{\infty}b_m e_n\frac{T}{2}\delta_{mn}$$

$$= a_0 d_0 T + \frac{T}{2} \sum_{m=1}^{\infty} (a_m d_m + b_m e_m)$$

となり，式 (2.32) が得られる．

式 (2.32) で $g(t) = f(t)$ とおくと

パーセバルの等式

$$\left\langle f(t)^2 \right\rangle = I_0 + \sum_{n=1}^{\infty} I_n \tag{2.33a}$$

$$I_0 = a_0^2, \quad I_n = \frac{1}{2}(a_n^2 + b_n^2) \tag{2.33b}$$

となる．$\left\langle f(t)^2 \right\rangle$ は $f(t)$ の 2 乗の周期平均で，式 (2.33a) をパーセバルの等式
と呼ぶ．級数が収束することから，微分積分学の定理によって，

$$\lim_{n \to \infty} a_n = \lim_{n \to \infty} b_n = 0 \tag{2.34}$$

であることが示される．

$f(t)$ を速度とすると $\left\langle f(t)^2 \right\rangle$ は運動エネルギーの時間平均に比例する量である．これから I_n は，第 n 高調波のもつエネルギーと考えることができる．I_n $(n \geq 0)$ をスペクトル強度と呼ぶ．任意の周期関数をフーリエ級数に展開することにより，基本波および高調波のスペクトル強度を求めることができる．

例題 8 $0 \leq t \leq 2\pi$ で $f(t) = e^t$ で定義され，式 (2.13) で通常の周期関数に拡張された関数 $f(t)$ のスペクトル強度を求めよ．

解答 まず，式 (2.9a)〜(2.9c) にしたがってフーリエ係数を求める．$T = 2\pi$ であるから

$$a_n = \frac{1}{\pi} \int_0^{2\pi} e^t \cos nt \, dt \qquad (n \geq 1)$$

$$b_n = \frac{1}{\pi} \int_0^{2\pi} e^t \sin nt \, dt \qquad (n \geq 1)$$

$$a_0 = \frac{1}{2\pi} \int_0^{2\pi} e^t \, dt$$

となる．

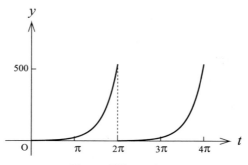

図 2.8　例題 8 のグラフ

$$\int_0^{2\pi} e^t \cos nt\, dt = \left[e^t \frac{\sin nt}{n}\right]_0^{2\pi} - \int_0^{2\pi} e^t \frac{\sin nt}{n} dt$$
$$= -\frac{1}{n}\left(\left[-e^x \frac{\cos nt}{n}\right]_0^{2\pi} + \int_0^{2\pi} e^t \frac{\cos nx}{n} dt\right)$$
$$= \frac{1}{n^2}(e^{2\pi} - 1) - \frac{1}{n^2}\int_0^{2\pi} e^t \cos nt\, dt$$

であるから
$$\int_0^{2\pi} e^t \cos nt\, dt = \frac{e^{2\pi} - 1}{n^2 + 1} \tag{2.35}$$

である．また
$$\int_0^{2\pi} e^t \sin nt\, dt = \left[-e^t \frac{\cos nt}{n}\right]_0^{2\pi} + \int_0^{2\pi} e^t \frac{\cos nt}{n} dt$$
$$= \frac{1}{n}(1 - e^{2\pi}) + \frac{1}{n}\int_0^{2\pi} e^t \cos nt\, dt$$

となり，式 (2.35) を代入すると
$$\int_0^{2\pi} e^t \sin nt\, dt = \frac{1}{n}(1 - e^{2\pi}) + \frac{1}{n}\frac{e^{2\pi} - 1}{n^2 + 1} = \frac{n}{n^2 + 1}(1 - e^{2\pi}) \tag{2.36}$$

が得られる．また，
$$\int_0^{2\pi} e^t dt = e^{2\pi} - 1$$

であるから
$$a_n = \frac{e^{2\pi} - 1}{(n^2 + 1)\pi} \quad (n \geq 1), \quad b_n = \frac{n(1 - e^{2\pi})}{(n^2 + 1)\pi} \quad (n \geq 1), \quad a_0 = \frac{e^{2\pi} - 1}{2\pi}$$

となる．したがって，スペクトル強度は

$$I_0 = a_0^2 = \frac{(e^{2\pi} - 1)^2}{4\pi^2}, \quad I_n = \frac{1}{2}(a_n^2 + b_n^2) = \frac{(e^{2\pi} - 1)^2}{2(n^2 + 1)\pi^2} \qquad (n \geq 1)$$

となる.

問 6 例題 8 を, $\cos nt = \dfrac{e^{int} + e^{-int}}{2}$, $\sin nt = \dfrac{e^{int} - e^{-int}}{2i}$ を利用して計算せよ.

問 7 例題 1～4 の関数 $f(t)$ のスペクトル強度を求めよ.

フーリエ係数 a_n, b_n は,式 (2.4) と,三角関数の直交関係 (2.7a)～(2.7c) を利用して得られたが,この結果は,実はある量の 2 乗の周期平均を最小にするという条件から求められる.三角関数の 1 次結合で構成した $f(t)$ の近似関数として,$f_{\mathrm{ap}}(t)$ を

$$f_{\mathrm{ap}}(t) = \alpha_0 + \sum_{n=1}^{N} (\alpha_n \cos \omega_n t + \beta_n \sin \omega_n t) \tag{2.37}$$

とする.ここで N は展開または近似の打ち切り項数,α_n $(n \geq 0)$,β_n $(n \geq 1)$ は任意の実数である.このとき,$f_{\mathrm{ap}}(t)$ の $f(t)$ に対する**平均 2 乗誤差**を

$$I_{\mathrm{error}} = \left\langle (f(t) - f_{\mathrm{ap}}(t))^2 \right\rangle \tag{2.38}$$

とおく.このとき I_{error} を最小にする α_n, β_n は

$$\alpha_n = \frac{2}{T} \int_0^T f(t) \cos \omega_n t \, dt \qquad (n \geq 1) \tag{2.39a}$$

$$\beta_n = \frac{2}{T} \int_0^T f(t) \sin \omega_n t \, dt \qquad (n \geq 1) \tag{2.39b}$$

$$\alpha_0 = \frac{1}{T} \int_0^T f(t) \, dt \tag{2.39c}$$

で与えられ,式 (2.9a)～(2.9c) の a_n, b_n と一致する.つまり,フーリエ級数を有限項数で打ち切った級数は,与えられた $f(t)$ に対して I_{error} を最小にするような,三角関数の有限級数である.

証明 直交関係 (2.7a)～(2.7c) を利用すると

$$I_{\mathrm{error}} = \left\langle f(t)^2 \right\rangle - 2 \langle f(t) f_{\mathrm{ap}}(t) \rangle + \left\langle f_{\mathrm{ap}}(t)^2 \right\rangle$$

$$= \left\langle f(t)^2 \right\rangle - 2\alpha_0 \langle f(t) \rangle - 2 \sum_{n=1}^{N} (\alpha_n \langle f(t) \cos \omega_n t \rangle + \beta_n \langle f(t) \sin \omega_n t \rangle)$$

$$+ \alpha_0^2 + \frac{1}{2} \sum_{n=1}^{N} (\alpha_n^2 + \beta_n^2)$$

I_{error} が最小となることから $\partial I_{\text{error}}/\partial \alpha_n = 0 \quad (n \geq 1)$ となり，これから

$$\alpha_n - 2 \langle f(t) \cos \omega_n t \rangle = 0$$

すなわち式 (2.39a) が得られる．また $\partial I_{\text{error}}/\partial \beta_n = 0 \quad (n \geq 1)$ となり，これから

$$\beta_n - 2 \langle f(t) \sin \omega_n t \rangle = 0$$

すなわち式 (2.39b) が得られる．最後に $\partial I_{\text{error}}/\partial \alpha_0 = 0$ から

$$2\alpha_0 - 2 \langle f(t) \rangle = 0$$

で，式 (2.39c) が得られる．

したがって，フーリエ級数は，周期関数を有限個の三角関数で近似する関数の中で，平均 2 乗誤差が最も小さいものであることがわかる．

2.1.7 複素フーリエ級数

オイラーの公式 (1.40)

$$e^{it} = \cos t + i \sin t$$

を利用すると

$$\cos \omega_n t = \frac{1}{2} (e^{i\omega_n t} + e^{-i\omega_n t}) \tag{2.40a}$$

$$\sin \omega_n t = \frac{1}{2i} (e^{i\omega_n t} - e^{-i\omega_n t}) \tag{2.40b}$$

と書ける．これを用いてフーリエ級数 式 (2.8) を書き直すと

$$f(t) = a_0 + \sum_{n=1}^{\infty} \left[\frac{a_n}{2} (e^{i\omega_n t} + e^{-i\omega_n t}) + \frac{b_n}{2i} (e^{i\omega_n t} - e^{-i\omega_n t}) \right]$$

$$= a_0 + \sum_{n=1}^{\infty} \left[\frac{1}{2} (a_n - ib_n) e^{i\omega_n t} + \frac{1}{2} (a_n + ib_n) e^{-i\omega_n t} \right]$$

となる．次に，複素数 $c_n \ (-\infty < n < \infty)$ を

$$c_n = \begin{cases} \dfrac{1}{2}(a_n - ib_n) & (n \geq 1) \\ a_0 & (n = 0) \\ \dfrac{1}{2}(a_{-n} + ib_{-n}) & (n \leq -1) \end{cases} \qquad (2.41)$$

と定義し，$\omega_n = -\omega_{-n}$ であることを考慮すると

――― 複素フーリエ級数 ―――――――――――――――――――――――

$$f(t) = \sum_{n=-\infty}^{\infty} c_n e^{i\omega_n t} \qquad (2.42)$$

が得られる．これを $f(t)$ の複素フーリエ級数と呼ぶ．定義式 (2.41) より

$$c_n = \bar{c}_{-n} \qquad (2.43)$$

が成り立つ．ここで，$\bar{z}$ は z の複素共役である (1.1.1 項参照)．簡単にわかるように，c_n は一般に複素数であるが c_0 は実数である．式 (2.9a)～(2.9c) を用いると，c_n を与える公式

――― 複素フーリエ級数の係数を求める式 ―――――――――――――――

$$c_n = \frac{1}{T} \int_0^T f(t) e^{-i\omega_n t} dt \qquad (2.44)$$

が得られる．同様にして

$$c_n = \frac{1}{T} \int_{-T/2}^{T/2} f(t) e^{-i\omega_n t} dt \qquad (2.45)$$

が得られる．これらの公式の導出は容易なので省略する．

　複素指数関数の集合 $e^{i\omega_n t}$ $(-\infty < n < \infty)$ には，三角関数の直交関係式 (2.7a)～(2.7c) と同様な直交関係が成り立つ．

――― 複素指数関数の直交関係 ―――――――――――――――――――――

$$\int_0^T e^{i\omega_m t} e^{-i\omega_n t} dt = T\delta_{mn} \qquad (2.46)$$

証明　$m \neq n$ のとき

$$\int_0^T e^{i\omega_m x} e^{-i\omega_n t} dt = \int_0^T e^{i\{2\pi(m-n)/T\}t} dt = \frac{T}{i2\pi(m-n)} \left[e^{i\{2\pi(m-n)/T\}t} \right]_0^T$$

$$= \frac{T}{i2\pi(m-n)} \left(e^{i2\pi(m-n)} - 1 \right) = 0$$

が成り立つ. また $m = n$ のときは

$$\int_0^T e^{i\omega_m t} e^{-i\omega_m t} dt = \int_0^T dt = T$$

となる.

上の結果を用いると, c_n に対する条件式 (2.43) が $f(t)$ が実数であることからも導かれる. 式 (2.42) より $f(t) = \overline{f(t)}$ を仮定すると

$$\sum_{n=-\infty}^{\infty} c_n e^{i\omega_n t} = \sum_{n=-\infty}^{\infty} \bar{c}_n e^{-i\omega_n t} = \sum_{n'=\infty}^{-\infty} \bar{c}_{-n'} e^{i\omega_{n'} t} = \sum_{n=-\infty}^{\infty} \bar{c}_{-n} e^{i\omega_n t}$$

$$(2.47)$$

となる. ただし $n' = -n$ を導入して変形し, 最後に n' を n とおいた. 式 (2.47) の第 1 項と第 4 項に $e^{-i\omega_m t}$ をかけて $0 \le t \le T$ で積分し直交関係式 (2.46) を用いると式 (2.43) が得られる.

例題 9　$-\pi \le t \le \pi$ で $f(t) = \sinh t$ で定義され, 式 (2.14) で, 周期関数に拡張された関数 $f(t)$ の複素フーリエ級数を求めよ (図 2.9 参照).

解答　$T = 2\pi$ とおいて公式 (2.45) を用いる.

$$c_n = \frac{1}{2\pi} \int_{-\pi}^{\pi} \sinh x e^{-int} dt = \frac{1}{2\pi} \int_{-\pi}^{\pi} \frac{1}{2}(e^t - e^{-t}) e^{-int} dt$$

$$= \frac{1}{4\pi} \left[\frac{e^{(1-in)t}}{1-in} + \frac{e^{-(1+in)t}}{1+in} \right]_{-\pi}^{\pi}$$

$$= \frac{1}{4\pi} \left(\frac{e^{(1-in)\pi} - e^{-(1-in)\pi}}{1-in} + \frac{e^{-(1+in)\pi} - e^{(1+in)\pi}}{1+in} \right)$$

$$= \frac{1}{4\pi} \left\{ \frac{(-1)^n (e^{\pi} - e^{-\pi})}{1-in} + \frac{(-1)^n (e^{-\pi} - e^{\pi})}{1+in} \right\}$$

$$= \frac{(-1)^n}{2\pi} \sinh \pi \left(\frac{1}{1-in} - \frac{1}{1+in} \right) = \frac{i(-1)^n n \sinh \pi}{\pi(1+n^2)}$$

で, c_n は純虚数である. これをみると, $f(t)$ が奇関数であることから $a_n = 0$ となることが, c_n が純虚数であることに対応していることがわかる.

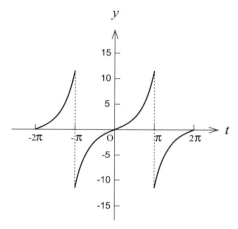

図 2.9 例題 9 のグラフ

問 8 例題 1〜4 の関数 $f(t)$ の複素フーリエ級数を求めよ．

パーセバルの等式 (2.33a) を c_n で表すと式 (2.41) より

$$\overline{f(t)^2} = |c_0|^2 + 2\sum_{n=1}^{\infty}|c_n|^2 \tag{2.48}$$

が得られる．したがって，複素フーリエ級数で表されるフーリエ係数は c_n で，スペクトル強度は $I_0 = c_0^2$, $I_n = 2|c_n|^2$ $(n \geq 1)$ となる．これから a_n, b_n と同様に (式 (2.34) 参照)

$$\lim_{n \to \pm\infty} c_n = 0 \tag{2.49}$$

であることが示される．

2.1.8 フーリエ級数の収束と項別微分・積分

これまでの例でみてきたようにフーリエ級数の収束の速さ，つまり n が大きくなったときの展開係数 a_n, b_n の絶対値の減少のようすは，展開される関数によって異なっている．これまでの結果によれば，関数値が不連続となる関数では 2.1.3 項の例題 1, 例題 2 のように

$$a_n, b_n \propto O\left(\frac{1}{n}\right)$$

となり，関数値は連続だが導関数の値が不連続となるときは 2.1.3 項の例題 3,

例題4のように

$$a_n,\ b_n \propto O\left(\frac{1}{n^2}\right)$$

となっていた．ここで，$O,\ o$ はランダウの記号と呼ばれ，$O(f)$ は f と同程度の大きさの量，$o(f)$ は f よりはるかに小さな量を表す．実は，これらの内容を一般的に証明することができる．

簡単にするため複素フーリエ級数の公式 (2.44) に基づいて証明する．

(1)　$f(t)$ は区分的に滑らか，すなわち，有限個の不連続点 $t_1, t_2, \cdots, t_k$ を除き，微分可能で導関数が連続であるとする．

このとき式 (2.44) で部分積分を行うと

$$c_n = \frac{1}{T}\sum_{j=0}^{k}\left\{\left[-f(t)\frac{e^{-i\omega_n t}}{i\omega_n}\right]_{t_j}^{t_{j+1}} + \int_{t_j}^{t_{j+1}} f'(t)\frac{e^{-i\omega_n t}}{i\omega_n}dt\right\}$$

となり，$f(t)$ の l 階微分 $f^{(l)}(t)$ の $t = t_j$ における不連続量を表す変数

$$S_{t_j}^{(l)} := f^{(l)}(t_j + 0) - f^{(l)}(t_j - 0)$$

を用いると

$$c_n = \frac{1}{i\omega_n T}\left\{\sum_{j=0}^{k} S_{t_j}^{(0)} e^{-i\omega_n t_j} + \int_0^T f'(t)e^{-i\omega_n t}dt\right\} \tag{2.50}$$

となる．$\omega_n = 2\pi n/T$ を考慮すると，$c_n = O(n^{-1})$ であることがわかる．

(2)　$f^{(M-1)}(t)$ が区分的に滑らかであるとする．(1) で行った操作を繰り返すことができて

$$c_n = \frac{1}{(i\omega_n)^M T}\left\{\sum_{j=0}^{k} S_{t_j}^{(M-1)} e^{-i\omega_n t_j} + \int_0^T f^{(M)}(t)e^{-i\omega_n t}dt\right\} \tag{2.51}$$

となり，$c_n = O(n^{-M})$ となることがわかる．

(3)　$f(t)$ が無限回微分可能であれば，上の結果から，任意の正整数 m に対して，$c_n = o\left(n^{-m}\right)$ が成立することがわかる．さらに，$f(t)$ が解析的 (1.1.4 項参照) であれば，フーリエ係数の絶対値は，n の増加とともに指数関数的な速さ $O(e^{-n})$ で急速に減衰することが知られている．

2.1 フーリエ級数

練習問題 2.1

1. 次の関数をフーリエ級数に展開せよ.

1) $f(t) = t^3 \quad (-\pi \leq t < \pi)$
2) $f(t) = t^4 \quad (0 \leq t < \pi)$

3) $f(t) = \cos\dfrac{t}{2} \quad (-\pi \leq t < \pi)$
4) $f(t) = \begin{cases} 0 & (0 \leq t < \pi) \\ |\sin t| & (\pi \leq t < 2\pi) \end{cases}$

5) $f(t) = \begin{cases} t & (0 \leq t < 2/3) \\ -2t + 2 & (2/3 \leq t < 1) \end{cases}$

6) $f(t) = \begin{cases} 1 & (|t| \leq 1) \\ -1/2 & (1 < |t| \leq 3) \\ 0 & (3 < |t| < 4, \quad t = -4) \end{cases}$

7) $f(t) = \cosh t \quad (-1 \leq t < 1)$
8) $f(t) = \sinh t \quad (-1 \leq t < 1)$

2. 次の関数を偶関数への拡張をした後フーリエ余弦級数に展開せよ.

1) $f(t) = \sin t \quad (0 \leq x < \pi)$
2) $f(t) = \begin{cases} 0 & (0 \leq t < l/2) \\ t - l/2 & (l/2 \leq t < l) \end{cases}$

3) $f(t) = \cos\dfrac{\pi t}{2l} \quad (0 \leq t < l)$
4) $f(t) = \sin\dfrac{3\pi t}{l} \quad (0 \leq t < l)$

3. 次の関数を奇関数への拡張をした後フーリエ正弦級数に展開せよ.

1) $f(t) = \begin{cases} 0 & (0 \leq t \leq 2\pi/3) \\ 1 & (2\pi/3 \leq t < 4\pi/3) \\ 0 & (4\pi/3 \leq t < 2\pi) \end{cases}$
2) $f(t) = \begin{cases} t & (0 \leq t < 2\pi) \\ -t + 4\pi & (2\pi \leq t < 4\pi) \end{cases}$

3) $f(t) = e^t \quad (0 \leq t < l)$
4) $f(t) = t\sin t \quad (0 \leq t < \pi)$

4. フーリエ余弦級数, フーリエ正弦級数に対するパーセバルの等式を導け.

5. 次の関数をフーリエ級数に展開せよ. また偶関数への拡張によりフーリエ余弦級数に, 奇関数への拡張によりフーリエ正弦級数に展開せよ.

1) $f(t) = t(\pi - t) \quad (0 \leq t < \pi)$
2) $f(t) = \sin\dfrac{t}{2} \quad (0 \leq t < 2\pi)$

6. 次の関数を複素フーリエ級数に展開せよ.

1) $f(t) = e^{-|t|} \quad (-\pi \leq t < \pi)$
2) $f(t) = e^{2t} \quad (0 \leq t < 2\pi)$

3) $f(t) = \begin{cases} 0 & (-\pi \leq t < 0) \\ t & (0 \leq t < \pi) \end{cases}$
4) $f(t) = \sin\dfrac{\pi t}{l} \quad (0 \leq t < l)$

7. 次の π を与える級数をフーリエ級数を利用して示せ.

1) $\displaystyle\sum_{n=1}^{\infty} \dfrac{(-1)^{n-1}}{(2n-1)(2n+1)} = \dfrac{\pi - 2}{4}$
2) $\displaystyle\sum_{n=1}^{\infty} \dfrac{1}{n^4} = \dfrac{\pi^4}{90}$

3) $\displaystyle\sum_{n=1}^{\infty}\frac{(-1)^{n-1}}{(2n-1)^3}=\frac{\pi^3}{32}$ 4) $\displaystyle\sum_{n=1}^{\infty}\frac{1}{n^6}=\frac{\pi^6}{945}$

5) $\displaystyle\sum_{n=1}^{\infty}\frac{1}{(2n-1)^2(2n+1)^2}=\frac{\pi^2-8}{16}$

[ヒント] 1) $f(t)=\cos t/2\ (-\pi\le t<\pi)$ のフーリエ級数を使う．2) $f(t)=t^2\ (-\pi\le t<\pi)$ のフーリエ級数に，パーセバルの等式を適用する．3) **5.** i) のフーリエ正弦級数を用いる．4) **5.** i) のフーリエ正弦級数にパーセバルの等式を適用する．5) **2.** i) のフーリエ余弦級数を利用する．

8. ポアソンの和公式

$$\sum_{n=-\infty}^{\infty}f(2n\pi)=\frac{1}{2\pi}\sum_{n=-\infty}^{\infty}\int_{-\infty}^{\infty}f(t)e^{-int}dt$$

を証明せよ．

9. 次の三角関数の有理関数をフーリエ級数に展開せよ．なお $|a|<1$ である．

1) $\dfrac{1-a\cos t}{1-2a\cos t+a^2}\quad(-\pi\le t<\pi)$ 2) $\dfrac{a\sin t}{1-2a\cos t+a^2}\quad(-\pi\le t<\pi)$

10. $e^{at}\ (-\pi\le t<\pi)$ を複素フーリエ級数に展開して，それを利用して

$$\frac{\pi}{a\sinh a\pi}=\sum_{n=-\infty}^{\infty}\frac{(-1)^n}{a^2+n^2}$$

を示せ．

11. t^3 の $(-\pi\le t<\pi)$ におけるフーリエ級数を，公式から求めた結果と t^2 のフーリエ級数を項別積分して求めた結果を比較せよ．

12. n を非負の整数として $[-1,1]$ における x の関数

$$T_n(x)=\cos n\theta,\quad x=\cos\theta$$

が与えられている．$T_n(x)$ はチェビシェフ多項式と呼ばれる．

1) $T_n(x)$ が $\cos\theta$ の多項式で表されることを，数学的帰納法によって証明せよ．

2) 漸化式

$$T_{n+1}(x)-2xT_n(x)+T_{n-1}=0$$

および積の公式

$$T_m(x)T_n(x)=\frac{1}{2}\left\{T_{m+n}(x)+T_{|m-n|}(x)\right\}$$

が成り立つことを示せ．

3) 直交関係式

$$\int_{-1}^{1} \frac{1}{\sqrt{1-x^2}} T_m(x) T_n(x) dx = \frac{1}{2}\pi(1 + \delta_{m,0})\delta_{m,n}$$

が成り立つことを示せ.

4) $[-1,1]$ で定義された関数 $f(x)$ を $T_n(x)$ で展開する方法を, フーリエ余弦級数をもとにして考えよ.

13. 1) 微分方程式

$$y''(t) + by'(t) + cy(t) = f(t)$$

で, $f(t)$ が振動数 ω の単振動であったとする. このとき, この方程式の実数解を求めるためには, F, Y を複素定数として

$$f(t) = \mathrm{Re}(Fe^{i\omega t}), \quad y(t) = \mathrm{Re}(Ye^{i\omega t})$$

とおき

$$Y(-\omega^2 + ib\omega + c) = F$$

から Y を求めることによって, すべての実数解が得られることを示せ. なお, $\mathrm{Re}\,z$ は, 複素数 z の実部を表す.

2) $f(t)$, $g(t)$ はどちらも単振動で

$$f(t) = \mathrm{Re}(Fe^{i\omega t}), \quad g(t) = \mathrm{Re}(Ge^{i\omega t})$$

と表されるとする. 一方 $f(x)$ の周期平均を

$$\langle f(t) \rangle \equiv \frac{1}{T} \int_0^T f(t)\,dt, \quad T = \frac{2\pi}{\omega}$$

とする. このとき

$$\langle f(t)g(t) \rangle = \frac{1}{2}\mathrm{Re}(FG^*)$$

となることを示せ.

2.2 フーリエ変換

フーリエ変換は周期的でない関数 $f(t)$ を, 複素指数関数 $e^{i\omega t}$ を用いて

$$f(t) = \frac{1}{\sqrt{2\pi}} \int_{-\infty}^{\infty} \widehat{f}(\omega)e^{i\omega t} d\omega$$

の形に表現する方法で, $\widehat{f}(\omega)$ は $f(t)$ のフーリエ変換と呼ばれる. 関数 $f(t)$ を取り扱うかわりにそのフーリエ変換に着目することにより, 問題の解決がはるかに簡単になるだけでなく, 現象の本質が明らかになる場合が多い. フーリエ変換は, 工学ではスペクトル解析と呼ばれてあらゆる分野で用いられている.

2.2.1 フーリエ級数からフーリエ変換へ

フーリエ級数で周期 T を大きくしていくと，短い時間でみれば，周期性がほとんど意識されなくなることが期待される．実際，$T \to \infty$ の極限では周期性をもたない関数を取り扱うことができる．まず

$$\widetilde{c}_n = \frac{1}{2\pi} \int_{-T/2}^{T2} f(t)e^{-i\omega_n t}dt \tag{2.52}$$

と定義すると式 (2.42) は

$$f(t) = \sum_{n=-\infty}^{\infty} \widetilde{c}_n e^{i\omega_n t}\frac{2\pi}{T} \tag{2.53}$$

とかける．$\omega = \omega_n = 2\pi n/T$ を連続変数と考えると，式 (2.53) は ω によるリーマン積分の近似式

$$f(t) = \sum_{n=-\infty}^{\infty} \widetilde{c}_n e^{i\omega_n t}\Delta\omega$$

である．ここで $\Delta\omega = 2\pi/T$ である．$T \to \infty$ の極限をとると

逆フーリエ変換

$$f(t) = \frac{1}{\sqrt{2\pi}} \int_{-\infty}^{\infty} \widehat{f}(\omega)e^{i\omega t}d\omega \tag{2.54}$$

が得られる．ここで $\widehat{f}(\omega)$ は，離散点 $\omega = \omega_n$ で

$$\widehat{f}(\omega_n) = \sqrt{2\pi}\widetilde{c}_n$$

と定義される ω の関数である．式 (2.52) で，$T \to \infty$ の極限をとると，

フーリエ変換

$$\widehat{f}(\omega) = \frac{1}{\sqrt{2\pi}} \int_{-\infty}^{\infty} f(t)e^{-i\omega t}dt \tag{2.55}$$

が得られる．式 (2.54) を逆フーリエ変換，式 (2.55) をフーリエ変換と呼ぶ．式 (2.54)，(2.55) より

2.2 フーリエ変換

81

```
┌─ フーリエの積分定理 ──────────────────────────────────┐
```

$$f(t) = \frac{1}{2\pi} \int_{-\infty}^{\infty} \left\{ \int_{-\infty}^{\infty} f(t') e^{i\omega(t-t')} dt' \right\} d\omega \tag{2.56}$$

が得られる. これをフーリエの積分定理と呼ぶ. なお, $\displaystyle\int_{-\infty}^{\infty} f(t) e^{-i\omega t} dt$ は,
$f(t)$ のフーリエ積分と呼ばれる. また, オイラーの公式

$$e^{i\omega(t-t')} = \cos\omega(t-t') + i\sin\omega(t-t')$$

を利用するとフーリエの積分定理の別形式

$$f(t) = \frac{1}{\pi} \int_{0}^{\infty} \left\{ \int_{-\infty}^{\infty} f(t') \cos\omega(t-t') \, dt' \right\} d\omega \tag{2.57}$$

が成り立つ.

上で述べたフーリエ級数からの極限を使わずに, フーリエ変換・逆変換公式
を直接証明することもできる. そのためにディリクレ積分

```
┌─ ディリクレ積分 ──────────────────────────────────┐
```

$$\int_{0}^{\infty} \frac{\sin u}{u} du = \int_{-\infty}^{0} \frac{\sin u}{u} du = \frac{\pi}{2} \tag{2.58}$$

を用いる. なお, この式の証明はここでは省略する (2.2.3 項例題 1 参照).

式 (2.55) を仮定して両辺に $e^{i\omega t}$ をかけ, ω で $-L < \omega < L$ にわたって積分
する.

$$\int_{-L}^{L} \widehat{f}(\omega) e^{i\omega t} d\omega = \frac{1}{\sqrt{2\pi}} \int_{-L}^{L} \left(\int_{-\infty}^{\infty} f(t') e^{-i\omega t'} dt' \right) e^{i\omega t} d\omega$$

積分順序を変更すると

$$\int_{-L}^{L} \widehat{f}(\omega) e^{i\omega t} d\omega = \frac{1}{\sqrt{2\pi}} \int_{-\infty}^{\infty} f(t') \left(\int_{-L}^{L} e^{i\omega(t'-t)} d\omega \right) dt'$$

$$= \frac{1}{\sqrt{2\pi}} \int_{-\infty}^{\infty} f(t') \frac{2\sin L(t-t')}{t-t'} dt'$$

$t' - t = u/L$ とおくと

$$= \frac{1}{\sqrt{2\pi}} \int_{-\infty}^{\infty} f\left(t + \frac{u}{L}\right) \frac{2\sin u}{u} du$$

積分領域を分けると

$$= \sqrt{\frac{2}{\pi}} \left\{ \int_{-\infty}^{0} f\left(t + \frac{u}{L}\right) \frac{\sin u}{u} du + \int_{0}^{\infty} f\left(t + \frac{u}{L}\right) \frac{\sin u}{u} du \right\}$$

となり，$L \to \infty$ の極限をとってディリクレ積分 式 (2.58) を用いると

$$\lim_{L \to \infty} \int_{-L}^{L} \widehat{f}(\omega) e^{i\omega t} d\omega = \sqrt{\frac{2}{\pi}} \left\{ f(t-0) \int_{-\infty}^{0} \frac{\sin u}{u} du + f(t+0) \int_{0}^{\infty} \frac{\sin u}{u} du \right\}$$

$$= \sqrt{\frac{\pi}{2}} \left\{ f(t-0) + f(t+0) \right\}$$

が得られる．

　フーリエ変換は記号的に $\mathcal{F}$ を用いて，また逆フーリエ変換は $\mathcal{F}^{-1}$ を用いて次のように表される．

フーリエ変換・逆変換の記号

$$\widehat{f}(\omega) = \mathcal{F}\{f(t)\}, \quad f(t) = \mathcal{F}^{-1}\left\{\widehat{f}(\omega)\right\} \tag{2.59}$$

また $\mathcal{F}$ と $\mathcal{F}^{-1}$ は互いに逆演算子となっている．

逆演算子

$$\mathcal{F}\mathcal{F}^{-1} = \mathcal{F}^{-1}\mathcal{F} = 1 \tag{2.60}$$

ここで 1 はまったく変換しない恒等演算子を表す．

　$f(t)$ を実関数とする．$f(t)$ が偶関数のときは式 (2.55) より

フーリエ余弦変換

$$\widehat{f}(\omega) = \sqrt{\frac{2}{\pi}} \int_{0}^{\infty} f(t) \cos \omega t \, dt := \mathcal{F}_c\{f(t)\} \tag{2.61}$$

となり，$\widehat{f}(\omega)$ も実関数で，ω に関して偶関数となる．式 (2.61) をフーリエ余弦変換と呼ぶ．$f(t)$ が奇関数のときは式 (2.55) より

2.2 フーリエ変換

フーリエ正弦変換

$$\widehat{f}(\omega) = -i\sqrt{\frac{2}{\pi}}\int_0^\infty f(t)\sin\omega t\, dt = -i\widehat{g}(\omega) := -i\mathcal{F}_s\{f(t)\} \qquad (2.62)$$

となり，$\widehat{f}(\omega)$ は純虚数値をとる関数で，ω に関して奇関数となる．実関数 $\widehat{g}(\omega)$ をフーリエ正弦変換と呼ぶ．

2.2.2 フーリエ変換の性質

あらためて，どのような関数がフーリエ変換可能であるかを考えてみよう．$f(t)$ の絶対値が $(-\infty, \infty)$ で積分可能

$$\int_{-\infty}^\infty |f(t)|\, dt < +\infty \qquad (2.63)$$

であるとする．このとき

$$\left|\int_{-\infty}^\infty f(t)e^{-i\omega t}dt\right| < \int_{-\infty}^\infty |f(t)e^{-i\omega t}|\, dt = \int_{-\infty}^\infty |f(t)|\, dt < +\infty$$

であるから積分 式 (2.55) が存在する．そこで，本章では $f(t)$ は条件 式 (2.63) を満足する関数とする．このときフーリエ変換 式 (2.55) で得られた $\widehat{f}(\omega)$ は

$$\lim_{|\omega|\to\infty}\widehat{f}(\omega) = 0 \qquad (2.64)$$

を満足する．これをリーマン–ルベーグの定理という．この結果は，フーリエ級数において，$\displaystyle\lim_{n\to\pm\infty} c_n = 0$ (式 (2.49)) となることに対応している．

証明

$$\widehat{f}(\omega) = \frac{1}{\sqrt{2\pi}}\int_{-\infty}^\infty f(t)e^{-i\omega t}dt = -\frac{1}{\sqrt{2\pi}}\int_{-\infty}^\infty f\left(t + \frac{\pi}{\omega}\right)e^{-i\omega t}dt$$

が成り立つことから

$$|\widehat{f}(\omega)| = \left|\frac{1}{2\sqrt{2\pi}}\int_{-\infty}^\infty \left\{f(t) - f\left(t + \frac{\pi}{\omega}\right)\right\}e^{-i\omega t}dt\right|$$

$$\leq \frac{1}{2\sqrt{2\pi}}\int_{-\infty}^\infty \left|f(t) - f\left(t + \frac{\pi}{\omega}\right)\right|\, dt$$

となる．ここで $|\omega| \to \infty$ とすると，

$$\lim_{|\omega| \to \infty} |\widehat{f}(\omega)| = 0$$

が示される．また，$f(t)$ が区分的に連続な関数であるとすれば，式 (2.63) より

$$\lim_{|t| \to \infty} |f(t)| = 0 \tag{2.65}$$

である．

次に，フーリエ変換の定義から明らかな，いくつかの簡単な性質を述べる．$f(t)$, $g(t)$ をフーリエ変換可能な関数とし，a, b を定数とする．また $\widehat{f}(\omega)$ を $f(x)$ のフーリエ変換とする．

1. 線形性

$$\mathcal{F}\{af(t) + bg(t)\} = a\mathcal{F}\{f(t)\} + b\mathcal{F}\{g(t)\} \tag{2.66}$$

これは明らかであろう．

2. 平行移動

$$\mathcal{F}\{f(t-a)\} = e^{-i\omega a}\mathcal{F}\{f(t)\} \tag{2.67}$$

証明

$$\begin{aligned}
\mathcal{F}\{f(t-a)\} &= \frac{1}{\sqrt{2\pi}} \int_{-\infty}^{\infty} f(t-a)e^{-i\omega t}dt \\
&= \frac{1}{\sqrt{2\pi}} \int_{-\infty}^{\infty} f(t-a)e^{-i\omega(t-a)}e^{-i\omega a}dt \\
&= e^{-i\omega a}\widehat{f}(\omega)
\end{aligned}$$

3. 拡大・縮小

$$\mathcal{F}\{f(at)\} = \frac{1}{|a|}\mathcal{F}\{f(t)\}\left(\frac{\omega}{a}\right) \qquad (a \neq 0) \tag{2.68}$$

証明　$a > 0$ とする．$\widehat{f}(\omega)$ を $f(t)$ のフーリエ変換とすると

$$\mathcal{F}\{f(at)\} = \frac{1}{\sqrt{2\pi}} \int_{-\infty}^{\infty} f(at)e^{-i\omega t}dt = \frac{1}{\sqrt{2\pi}a} \int_{-\infty}^{\infty} f(at)e^{-i(\omega/a)at}d(at)$$
$$= \frac{1}{a}\widehat{f}\left(\frac{\omega}{a}\right)$$

$a < 0$ の場合は，積分範囲が ∞ から $-\infty$ となることを考慮すれば，同様に証明される．

4. 複素共役

$\overline{f(t)}$ を $f(t)$ の複素共役とすると

$$\mathcal{F}\left\{\overline{f(t)}\right\} = \overline{\mathcal{F}\{f(t)\}\,(-\omega)} \tag{2.69}$$

証明　$\widehat{f}(\omega)$ を $f(t)$ のフーリエ変換とすると

$$\frac{1}{\sqrt{2\pi}} \int_{-\infty}^{\infty} \overline{f(t)}e^{-i\omega t}dt = \frac{1}{\sqrt{2\pi}} \overline{\int_{-\infty}^{\infty} f(t)e^{i\omega t}dt} = \overline{\widehat{f}(-\omega)}$$

これから $f(t)$ が実関数なら

$$\widehat{f}(\omega) = \overline{\widehat{f}(-\omega)} \tag{2.70}$$

がいえる．

5. 原点の値

$$f(0) = \frac{1}{\sqrt{2\pi}} \int_{-\infty}^{\infty} \widehat{f}(\omega)\,d\omega, \quad \widehat{f}(0) = \frac{1}{\sqrt{2\pi}} \int_{-\infty}^{\infty} f(t)\,dt \tag{2.71}$$

証明　式 (2.54)，(2.55) より明らか．

問 1　式 (2.71) と同様にして $f(1)$ を $\widehat{f}(\omega)$ を用いて表せ．

　次に，明らかにわかるように，$\widehat{f}(\omega)$ は ω の連続関数である．また $\widehat{f}(\omega)$ を 2 つの部分に分けてみる．式 (2.55) より

$$\widehat{f}(\omega) = \widehat{f}^{-}(\omega) + \widehat{f}^{+}(\omega) \tag{2.72a}$$

$$\widehat{f}^{-}(\omega) = \frac{1}{\sqrt{2\pi}} \int_{-\infty}^{0} f(t)e^{-i\omega t}dt \tag{2.72b}$$

$$\widehat{f}^{+}(\omega) = \frac{1}{\sqrt{2\pi}} \int_{0}^{\infty} f(t) e^{-i\omega t} dt \tag{2.72c}$$

$\widehat{f}^{-}(\omega)$ を左片側フーリエ変換，$\widehat{f}^{+}(\omega)$ を右片側フーリエ変換と呼ぶ．ω を複素数まで拡張したとき，定義より明らかに $\widehat{f}^{-}(\omega)$ は $\mathrm{Re}\,\omega > 0$ で正則，$\widehat{f}^{+}(\omega)$ は $\mathrm{Re}\,\omega < 0$ で正則となる．

フーリエ変換の微分を考えよう．式 (2.65) を考慮すると，フーリエ変換 式 (2.55) より

$$\begin{aligned}
\mathcal{F}\{f'(t)\} &= \frac{1}{\sqrt{2\pi}} \int_{-\infty}^{\infty} f'(t) e^{-i\omega t} dt \\
&= \frac{1}{\sqrt{2\pi}} \left\{ \left[f(t) e^{-i\omega t} \right]_{-\infty}^{\infty} + i\omega \int_{-\infty}^{\infty} f(t) e^{-i\omega t} dt \right\} \\
&= \frac{i\omega}{\sqrt{2\pi}} \int_{-\infty}^{\infty} f(t) e^{-i\omega t} dt = i\omega \mathcal{F}\{f(t)\} = i\omega \widehat{f}(\omega)
\end{aligned}$$

となる．この操作を繰り返すと

微分のフーリエ変換

$$\mathcal{F}\left\{ f^{(n)}(t) \right\} = (i\omega)^{n} \mathcal{F}\{f(t)\} = (i\omega)^{n} \widehat{f}(\omega) \tag{2.73}$$

が得られる．次に，逆フーリエ変換 式 (2.54) の両辺を t で n 回微分すると

$$f^{(n)}(t) = \int_{-\infty}^{\infty} \widehat{f}(\omega)(i\omega)^{n} e^{i\omega t} d\omega$$

となり

微分の逆フーリエ変換

$$\mathcal{F}^{-1}\left\{ (i\omega)^{n} \widehat{f}(\omega) \right\} = f^{(n)}(t) \tag{2.74}$$

が得られる．これは $\mathcal{F}$ と $\mathcal{F}^{-1}$ が互いに逆変換になっていることからも明らかである．等式 (2.74) は

$$\int_{-\infty}^{\infty} |\omega^{n} \widehat{f}(\omega)| d\omega < +\infty \tag{2.75}$$

のときに限り成立する．

次にフーリエ変換の積分を考えよう. $F(t)$ を

$$F'(t) = f(t)$$

でかつ

$$\int_{-\infty}^{\infty} |F(t)|\, dt < +\infty \quad \text{したがって} \quad \lim_{|t| \to \infty} F(t) = 0 \qquad (2.76)$$

を満たす関数とする. このとき

積分のフーリエ変換

$$F(t) = \int_{-\infty}^{\infty} \frac{\widehat{f}(\omega)}{i\omega} e^{i\omega t}\, d\omega \qquad (2.77)$$

が成立する. これは式 (2.77) の両辺を t で微分すれば明らかであろう. $\widehat{f}(0) = 0$ となることは, 上式 (2.77) の逆変換をとり, $F(t)$ の性質 式 (2.76) を考慮すれば証明できる.

2.2.3 フーリエ変換の例

いくつか典型的なフーリエ変換を示す.

例題 1 $a > 0$ とする.

$$f(t) = \begin{cases} 1 & (-a \le t < a) \\ 0 & \text{それ以外} \end{cases}$$

のフーリエ変換を求めよ.

解答

$$\mathcal{F}\{f(t)\} = \widehat{f}(\omega) = \frac{1}{\sqrt{2\pi}} \int_{-a}^{a} e^{-i\omega t}\, dt = \frac{1}{\sqrt{2\pi}} \left[\frac{e^{-i\omega t}}{-i\omega} \right]_{-a}^{a} = \sqrt{\frac{2}{\pi}} \frac{\sin a\omega}{\omega} \tag{2.78}$$

$\widehat{f}(\omega)/\sqrt{2\pi}$ はシンク (**sinc**) 関数と呼ばれる. $f(t)$ は偶関数だから $\widehat{f}(\omega)$ は実数となる. 逆に

$$\mathcal{F}^{-1}\left\{ \sqrt{\frac{2}{\pi}} \frac{\sin a\omega}{\omega} \right\} = \int_{-\infty}^{\infty} \frac{\sin a\omega}{\pi\omega} e^{i\omega t}\, d\omega = 2\int_{0}^{\infty} \frac{\sin a\omega}{\pi\omega} \cos \omega t\, d\omega = f(t) \tag{2.79}$$

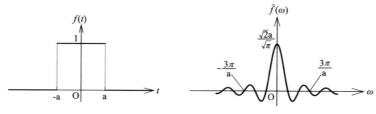

図 2.10　例題 1 の関数のフーリエ変換

式 (2.79) で $a = 1$, $t = 0$ とおくと式 (2.58) が得られる．図 2.10 に $f(t)$, $\widehat{f}(\omega)$ を示す．

例題 2　$a > 0$ とする．
$$f(t) = \begin{cases} -1 & (-a \leq t < 0) \\ 1 & (0 \leq t < a) \\ 0 & \text{それ以外} \end{cases}$$
のフーリエ変換を求めよ．

解答
$$\mathcal{F}\{f(t)\} = \widehat{f}(\omega) = \frac{1}{\sqrt{2\pi}} \left(-\int_{-a}^{0} e^{-i\omega t} dt + \int_{0}^{a} e^{-i\omega t} dt \right)$$
$$= \frac{1}{\sqrt{2\pi}} \left\{ -\left[\frac{e^{-i\omega t}}{-i\omega} \right]_{-a}^{0} + \left[\frac{e^{-i\omega t}}{-i\omega} \right]_{0}^{a} \right\} = -\sqrt{\frac{2}{\pi}} \frac{i}{\omega} (1 - \cos a\omega) \tag{2.80}$$

$f(t)$ は奇関数だから $\widehat{f}(\omega)$ は純虚数となる．逆に
$$\mathcal{F}^{-1}\left\{ -\sqrt{\frac{2}{\pi}} \frac{i}{\omega} (1 - \cos a\omega) \right\} = -\frac{i}{\pi} \int_{-\infty}^{\infty} \frac{1 - \cos a\omega}{\omega} e^{i\omega t} d\omega$$
$$= \frac{2}{\pi} \int_{0}^{\infty} \frac{1 - \cos a\omega}{\omega} \sin \omega t \, d\omega = f(t) \tag{2.81}$$

図 2.11 に $f(t)$, $i\widehat{f}(\omega)$ を示す．なお，$a = 1/2$ のとき $f(t)$ はハール (**Haar**) 関数と呼ばれる．

問 2
$$f(t) = \begin{cases} -1 & (-2 \leq t < -1, 1 \leq t < 2) \\ 1 & (-1 \leq t < 1) \\ 0 & \text{それ以外} \end{cases}$$

2.2 フーリエ変換

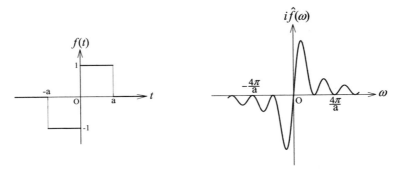

図 2.11 ハール関数のフーリエ変換

のフーリエ変換を計算せよ.

例題 3 $f(t) = e^{-a|t|}$ $(a > 0)$ のフーリエ変換を計算し,その逆変換を求めよ.

解答

$$\begin{aligned}
\mathcal{F}\{f(t)\} = \widehat{f}(\omega) &= \frac{1}{\sqrt{2\pi}}\int_{-\infty}^{\infty} e^{-a|t|}e^{-i\omega t}dt \\
&= \frac{1}{\sqrt{2\pi}}\left(\int_{-\infty}^{0} e^{ax-i\omega t}dt + \int_{0}^{\infty} e^{-ax-i\omega t}dt\right) \\
&= \frac{1}{\sqrt{2\pi}}\left(\left[\frac{e^{(a-i\omega)t}}{a-i\omega}\right]_{-\infty}^{0} + \left[\frac{e^{-(a+i\omega)t}}{-(a+i\omega)}\right]_{0}^{\infty}\right) = \sqrt{\frac{2}{\pi}}\frac{a}{a^2+\omega^2}
\end{aligned} \tag{2.82}$$

したがって

$$\int_{0}^{\infty} e^{-at}\cos\omega t\, dt = \frac{a}{a^2+\omega^2} \tag{2.83}$$

式 (2.83) の右辺をローレンツ (**Lorentz**) 関数と呼ぶ. $f(t)$ は偶関数だから $\widehat{f}(\omega)$ は実数となる. 逆に

$$\mathcal{F}^{-1}\left\{\sqrt{\frac{2}{\pi}}\frac{a}{(a^2+\omega^2)}\right\} = \frac{a}{\pi}\int_{-\infty}^{\infty}\frac{e^{i\omega t}}{a^2+\omega^2}d\omega = \frac{2a}{\pi}\int_{0}^{\infty}\frac{\cos\omega t}{a^2+\omega^2}d\omega = e^{-a|t|} \tag{2.84}$$

図 2.12 に $f(t)$, $\widehat{f}(\omega)$ を示す.

例題 4 $f(t) = e^{-at^2}$ $(a > 0)$ のフーリエ変換を計算し,その逆変換を求めよ.

図 2.12 指数型関数のフーリエ変換

解答

$$\mathcal{F}\{f(t)\} = \widehat{f}(\omega) = \frac{1}{\sqrt{2\pi}} \int_{-\infty}^{\infty} e^{-at^2} e^{-i\omega t} dt$$

$$= \frac{1}{\sqrt{2\pi}} \int_{-\infty}^{\infty} \exp\left[-a\left(t^2 + \frac{i\omega t}{a}\right)\right] dt$$

$$= \frac{1}{\sqrt{2\pi}} \int_{-\infty}^{\infty} \exp\left[-a\left(t + \frac{i\omega}{2a}\right)^2 - \frac{\omega^2}{4a}\right] dt$$

$z = t + i\omega/2a$ とすると

$$\mathcal{F}\{f(t)\} = \frac{1}{\sqrt{2\pi}} e^{-\omega^2/4a} \int_{-\infty+i\omega/2a}^{\infty+i\omega/2a} e^{-az^2} dz = \frac{1}{\sqrt{2\pi}} e^{-\omega^2/4a} \int_{-\infty}^{\infty} e^{-az^2} dz$$

ここで最後の式へ移行するときに $\mathrm{Re}\,z = \pm\infty$ では $e^{-az^2} = 0$ となることを用いた.次に,$u = \sqrt{a}z$ とおいて

$$\int_{-\infty}^{\infty} e^{-u^2} du = \sqrt{\pi} \tag{2.85}$$

を用いると

$$\mathcal{F}\{f(t)\} = \sqrt{\frac{2}{\pi}} \int_{0}^{\infty} e^{-at^2} \cos\omega t\, dt = \frac{1}{\sqrt{2a}} e^{-\omega^2/4a} \tag{2.86}$$

$f(t)$ は偶関数だから $\widehat{f}(\omega)$ は実数となる.逆に

$$\mathcal{F}^{-1}\left(\frac{1}{\sqrt{2a}} e^{-\omega^2/4a}\right) = e^{-at^2} \tag{2.87}$$

問 3 $f(t) = e^{-t^2-t}$ のフーリエ変換を計算せよ.

2.2.4 スペクトル

フーリエ級数の場合と同様に $f(t)$ のフーリエ変換 $\widehat{f}(\omega)$ をスペクトルと呼

ぶ. フーリエ級数では級数展開なので**離散スペクトル**と呼ばれ, フーリエ変換では ω の積分になるので**連続スペクトル**となる.

フーリエ級数の場合の周期平均に対応するものは全空間にわたる積分である. これに関して次のような事実が成り立つ. $f(t)$, $g(t)$ をフーリエ変換可能な関数とする.

$$
\begin{aligned}
\int_{-L}^{L} f(t)g(t)\,dt &= \frac{1}{2\pi}\int_{-L}^{L}\left(\int_{-\infty}^{\infty}\widehat{f}(\omega)e^{i\omega t}d\omega\right)\left(\int_{-\infty}^{\infty}\widehat{g}(\omega')e^{i\omega' t}d\omega'\right)dt \\
&= \frac{1}{2\pi}\int_{-\infty}^{\infty}\int_{-\infty}^{\infty}\widehat{f}(\omega)\widehat{g}(\omega')\left(\int_{-L}^{L}e^{i(\omega+\omega')t}dt\right)d\omega'd\omega \\
&= \frac{1}{2\pi}\int_{-\infty}^{\infty}\int_{-\infty}^{\infty}\widehat{f}(\omega)\widehat{g}(\omega')2\frac{\sin L(\omega+\omega')}{\omega+\omega'}d\omega'd\omega
\end{aligned}
$$

$u = L(\omega'+\omega)$ とすると

$$
\int_{-L}^{L} f(t)g(t)\,dt = \frac{1}{\pi}\int_{-\infty}^{\infty}\int_{-\infty}^{\infty}\widehat{f}(\omega)\widehat{g}\left(-\omega+\frac{u}{L}\right)\frac{\sin u}{u}d\omega'd\omega
$$

となる. したがって

$$
\begin{aligned}
\lim_{L\to\infty}\int_{-L}^{L} f(t)g(t)\,dt &= \frac{1}{\pi}\int_{-\infty}^{\infty}\widehat{f}(\omega)\frac{\pi}{2}\left[\widehat{g}(-\omega-0)+\widehat{g}(-\omega-0)\right]d\omega \\
&= \int_{-\infty}^{\infty}\widehat{f}(\omega)\widehat{g}(-\omega)d\omega
\end{aligned}
$$

が得られる. つまり公式

$$
\int_{-\infty}^{\infty} f(t)g(t)\,dt = \int_{-\infty}^{\infty}\widehat{f}(\omega)\widehat{g}(-\omega)d\omega \tag{2.88}
$$

が得られた. $g(t) = \overline{f(t)}$ とおき, 公式 (2.69) を使うと

― パーセバルの等式 ―

$$
\int_{-\infty}^{\infty}|f(t)|^2 dt = \int_{-\infty}^{\infty}|\widehat{f}(\omega)|^2 d\omega \tag{2.89}
$$

となる. これがフーリエ変換でのパーセバルの等式である. $|\widehat{f}(\omega)|^2$ をスペクトル強度またはパワースペクトルと呼ぶ.

問 4 例題 1〜4 の関数 $f(t)$ のパワースペクトルを求めよ.

これに関連して, **合成積** (たたみ込み, **convolution**) のフーリエ変換に対し

て美しい公式がある. $f(t)$, $g(t)$ の合成積は

合成積の定義

$$f * g\,(t) := \int_{-\infty}^{\infty} f(t')g(t-t')\,dt' \tag{2.90}$$

で定義される. これのフーリエ変換を次のようにして計算する.

$$\int_{-L}^{L} \left\{ \int_{-M}^{M} f(t')g(t-t')\,dt' \right\} e^{-i\omega t}dt$$

$$= \frac{1}{2\pi} \int_{-L}^{L} \left\{ \int_{-M}^{M} \left(\int_{-\infty}^{\infty} \widehat{f}(\omega')e^{i\omega' t'}\,d\omega' \right)\left(\int_{-\infty}^{\infty} \widehat{g}(\omega'')e^{i\omega''(t-t')}\,d\omega'' \right) dt' \right\} e^{-i\omega t}dt$$

$$= \frac{1}{2\pi} \int_{-M}^{M} \left\{ \int_{-\infty}^{\infty} \widehat{f}(\omega') \left[\int_{-\infty}^{\infty} \widehat{g}(\omega'')\left(\int_{-L}^{L} e^{i(\omega''-\omega)t}\,dt \right) e^{i(\omega'-\omega'')t'}\,d\omega'' \right] d\omega' \right\} dt'$$

$$= \frac{1}{2\pi} \int_{-M}^{M} \left\{ \int_{-\infty}^{\infty} \widehat{f}(\omega') \left[\int_{-\infty}^{\infty} \widehat{g}(\omega'')\frac{2\sin L(\omega''-\omega)}{\omega''-\omega}e^{i(\omega'-\omega'')t'}\,d\omega'' \right] d\omega' \right\} dt'$$

$L \to \infty$ として $\widehat{g}(\omega)$ が ω の連続関数であることを用いると

$$\int_{-\infty}^{\infty} \left\{ \int_{-M}^{M} f(t')g(t-t')\,dt' \right\} e^{-i\omega t}dt$$

$$= \int_{-M}^{M} \left\{ \int_{-\infty}^{\infty} \widehat{f}(\omega')\widehat{g}(\omega)e^{i(\omega'-\omega)t'}\,d\omega' \right\} dt'$$

$$= \widehat{g}(\omega) \int_{-\infty}^{\infty} \widehat{f}(\omega') \left(\int_{-M}^{M} e^{i(\omega'-\omega)t'}\,dt' \right) d\omega'$$

$$= \widehat{g}(\omega) \int_{-\infty}^{\infty} \widehat{f}(\omega')\frac{2\sin M(\omega'-\omega)}{\omega'-\omega}\,d\omega'$$

となる. さらに $M \to \infty$ として $\widehat{g}(\omega)$ が ω の連続関数であることを用いると

$$\int_{-\infty}^{\infty} \left\{ \int_{-\infty}^{\infty} f(t')g(t-t')\,dt' \right\} e^{-i\omega t}dt = 2\pi\widehat{f}(\omega)\widehat{g}(\omega)$$

となり

合成積のフーリエ変換

$$\mathcal{F}\{f * g\} = \sqrt{2\pi}\,\mathcal{F}\{f\}\,\mathcal{F}\{g\} \tag{2.91}$$

が得られる. これはたたみ込みのフーリエ変換がそれぞれのフーリエ変換の積

になることを示していて，たいへん有用な公式である．

問 5 式 (2.91) より

$$\mathcal{F}\{f * f\} = \sqrt{2\pi}\,(\mathcal{F}\{f\})^2$$

が成り立つことを示せ．

問 6 $\mathcal{F}\{f * f\}$ に $f(t) = e^{-a|t|}$ $(a > 0)$ を代入して計算し，例題 3 の結果から知られる問 5 の右辺と比較せよ．

問 7 $f(t) = e^{-a|t|}$, $g(t) = e^{-b|t|}$ $(a, b > 0)$ に対して，$f * g$ を計算し，さらに $\mathcal{F}\{f * g\}$ を計算せよ．

最後に，ラプラス変換への導入として $f(t)U(t)$ のフーリエ変換を考えてみよう．ここで $U(t)$ は**単位階段関数** (ヘビサイドのステップ関数) と呼ばれ，

$$U(t) = \begin{cases} 0 & (t < 0) \\ 1 & (t \geq 0) \end{cases} \tag{2.92}$$

で定義される．

$$f(t)U(t) = \frac{1}{\sqrt{2\pi}} \int_{-\infty}^{\infty} \widehat{g}(\omega)e^{i\omega t}d\omega \tag{2.93}$$

とすると

$$\widehat{g}(\omega) = \frac{1}{\sqrt{2\pi}} \int_{-\infty}^{\infty} f(t)U(t)e^{-i\omega t}dt = \frac{1}{\sqrt{2\pi}} \int_{0}^{\infty} f(t)e^{-i\omega t}dt \tag{2.94}$$

となる．式 (2.93) の両辺を t で微分すると

$$f'(t)U(t) + f(t)U'(t) = \frac{1}{\sqrt{2\pi}} \int_{-\infty}^{\infty} i\omega\widehat{g}(\omega)e^{i\omega t}d\omega$$

となる．$U(t)$ の微分

$$\delta(t) = U'(t) \tag{2.95}$$

は，**デルタ関数**と呼ばれ，$t = 0$ で鋭いピークをもつ関数で

$$\delta(t) = 0 \qquad (t \neq 0) \tag{2.96}$$

である．また，任意の関数 $f(t)$ に対して

$$\int_{-\infty}^{\infty} f(t)\delta(t)\,dt = f(0) \tag{2.97}$$

となる．詳しい説明は省くが，本書では，式 (2.95)～(2.97) を知っていれば十分である．これから

$$i\omega\widehat{g}(\omega) = \frac{1}{\sqrt{2\pi}}\int_{-\infty}^{\infty}\left\{f'(t)U(t) + f(t)U'(t)\right\}e^{-i\omega t}dt$$

$$= \frac{1}{\sqrt{2\pi}}\int_{-\infty}^{\infty}\left\{f'(t)U(t) + f(t)\delta(t)\right\}e^{-i\omega t}dt$$

$$= \frac{1}{\sqrt{2\pi}}\int_{-\infty}^{\infty}f'(t)U(t)e^{-i\omega t}dt + \frac{1}{\sqrt{2\pi}}f(0)$$

すなわち

$$\mathcal{F}\left\{f'(t)U(t)\right\} = i\omega\widehat{g}(\omega) - \frac{1}{\sqrt{2\pi}}f(0) \tag{2.98}$$

が得られる．式 (2.93)，(2.98) が，後に述べるラプラス変換の基本原理を与える式である．また ω を複素数へ拡張して $\omega = \omega_r + i\omega_i$ とすると，たとえ $f(t)$ が，$f(t) = e^{\alpha t}$ のように $t \to \infty$ で急速に増大する関数であっても，$\omega_i < -\alpha$ なら $\widehat{g}(\omega)$ が存在する．

練習問題 2.2

1. 次の関数のフーリエ変換を求め，さらに，その結果の逆フーリエ変換によって $f(x)$ をフーリエ積分で表せ．

1) $f(t) = \begin{cases} 1 - |t| & (|t| \leq 1) \\ 0 & (|t| > 1) \end{cases}$ 2) $f(t) = \begin{cases} e^{ict} & (a \leq t < b,\ c > 0) \\ 0 & (t < a,\ t \geq b) \end{cases}$

3) $f(t) = te^{-|t|}$ 4) $f(t) = \begin{cases} \sin t & (|t| \leq \pi) \\ 0 & (|t| > \pi) \end{cases}$

5) $f(t) = \begin{cases} 1 - t^2 & (|t| \leq 1) \\ 0 & (|t| > 1) \end{cases}$ 6) $f(t) = \begin{cases} \cos^2 t & (|t| \leq \pi/2) \\ 0 & (|t| > \pi/2) \end{cases}$

7) $f(t) = \dfrac{t}{1 + t^2}$ 8) $f(t) = te^{-at^2}$

2. フレネル積分

$$\int_{-\infty}^{\infty}\cos t^2 dt = \int_{-\infty}^{\infty}\sin t^2 dt = \sqrt{\frac{\pi}{2}}$$

を利用して $f(t) = e^{-it^2}$ のフーリエ変換を求めよ．また，それらの実部および虚部をとるとどのような式が得られるか．

3. 関数 $f(t)$ が $t \geq 0$ で定義されているとき，$f(t) = f(-t)\ (t < 0)$ で $t < 0$ で

の値を定義し，偶関数とすることを偶拡張といい，$f(t) = -f(-t)$ $(t < 0)$ で定義し，奇関数とすることを奇拡張という．つぎの関数を，偶関数および奇関数への拡張をした後，フーリエ正弦変換と，フーリエ余弦変換を求めよ．

1) $f(t) = \begin{cases} 1 & (0 \leq t < 1) \\ -1 & (1 \leq t < 2) \\ 0 & (t \geq 2) \end{cases}$　　2) $f(t) = \begin{cases} \cos t & (0 \leq t < \pi/2) \\ 0 & (t \geq \pi/2) \end{cases}$

3) $f(t) = \begin{cases} \sin t & (0 \leq t < \pi) \\ 0 & (t \geq \pi) \end{cases}$　　4) $f(t) = te^{-t}$ $(t \geq 0)$

4. 2.2.3 項例題 1 を利用して

$$\int_0^\infty \frac{\sin a\omega \cos x\omega}{\omega} d\omega = \begin{cases} \pi/2 & (|x| < a) \\ \pi/4 & (|x| = a) \\ 0 & (|x| > a) \end{cases}$$

となることを示せ．

5. **2.** のフレネル積分を利用して，$f(t) = \dfrac{1}{\sqrt{t}}$ $(t > 0)$ のフーリエ変換を求めよ．また次の積分をフレネル積分の変形と，ここで得られたフーリエ変換より示せ．

$$\int_0^\infty \frac{\cos t}{\sqrt{t}} dt = \int_0^\infty \frac{\sin t}{\sqrt{t}} dt = \sqrt{\frac{\pi}{2}}$$

6. 次の定積分に関する公式が成り立つことをフーリエ変換を利用して示せ．

1) $\displaystyle\int_0^\infty \frac{\cos \omega t}{\omega^2 + 1} d\omega = \frac{\pi}{2} e^{-|t|}$　　2) $\displaystyle\int_0^\infty \frac{\omega \sin \omega t}{\omega^2 + 1} d\omega = \frac{\pi}{2} e^{-t}$ 　 $(t > 0)$

3) $\displaystyle\int_0^\infty \left(\frac{1 - \cos at}{t}\right)^2 dt = \frac{\pi a}{2}$　　4) $\displaystyle\int_0^\infty \frac{\sin^2 at}{t^2} dt = \frac{\pi a}{2}$

5) $\displaystyle\int_0^\infty \frac{1}{(t^2 + 1)^2} dt = \frac{\pi}{4}$　　6) $\displaystyle\int_0^\infty \frac{t^2}{(t^2 + 1)^2} dt = \frac{\pi}{4}$

7. 合成積のフーリエ変換の公式 (2.91) または **5.** の結果を利用して，次の関数の逆フーリエ変換を求めよ．

1) $\widehat{f}(\omega) = \left(\dfrac{1 - e^{-i\omega}}{\omega}\right)^2$　　2) $\widehat{f}(\omega) = \left(\dfrac{\sin a\omega}{\pi\omega}\right)^2$

なお 1) の $\widehat{f}(\omega)$ の逆フーリエ変換は **2** 階の **B**–スプライン関数に $-\sqrt{2\pi}$ をかけたものである．

8. フーリエ余弦変換，フーリエ正弦変換に関する以下の式を示せ．

$$\mathcal{F}_C\left\{f''(t)\right\} = -\sqrt{\frac{2}{\pi}} f'(+0) - \omega^2 \mathcal{F}_C\left\{f(t)\right\}$$

$$\mathcal{F}_S\left\{f''(t)\right\} = \sqrt{\frac{2}{\pi}} \omega f(+0) - \omega^2 \mathcal{F}_S\left\{f(t)\right\}$$

9.
$$f(t) = \frac{1}{2\sqrt{\pi}\sigma} e^{-\frac{t^2}{4\sigma^2}} \qquad (\sigma > 0)$$

とし，$f(t)$ のフーリエ変換を $\widehat{f}(\omega)$ とする．一方，任意のフーリエ変換可能な関数 $g(t)$ に対して

$$\Delta_g^2 \equiv \frac{\int_{-\infty}^{\infty} (t - \langle\langle t \rangle\rangle)^2 g(t)^2 dt}{\int_{-\infty}^{\infty} g(t)^2 dt}, \quad \langle\langle t \rangle\rangle = \frac{\int_{-\infty}^{\infty} t g(t)^2 dt}{\int_{-\infty}^{\infty} g(t)^2 dt}$$

と定義する．このとき

$$\Delta_f \cdot \Delta_{\widehat{f}} = \frac{1}{2}$$

となることを示せ．

10. $\mathcal{F}\{\operatorname{sech} t\} = \sqrt{\dfrac{\pi}{2}} \operatorname{sech} \dfrac{\pi}{2}\omega$ となることを示せ．

2.3 ラプラス変換の基礎

ここでは，ラプラス変換の定義を述べ，続いてその性質や応用について説明する．すでに述べたように，ラプラス変換は一種のフーリエ変換と考えられ，とくに工学では，広範な領域で応用される重要な数学的手法である (図 2.13)．ラプラス変換の考え方について簡単に説明しよう．ラプラス変換とは，$t > 0$ で定義された関数 $f(t)$ に対して，次のような積分演算を行うことをいい，$\mathcal{L}\{f(t)\}$ と表す．

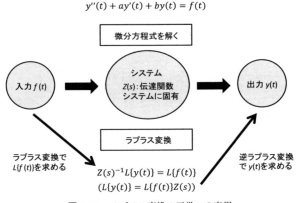

図 2.13 ラプラス変換の工学への応用

$$F(s) = \mathcal{L}\{f(t)\} = \int_0^\infty e^{-st} f(t)\, dt$$

この演算により，t の関数 $f(t)$ が，s の関数 $F(s)$ に移される．ラプラス変換によって，関数が s 空間の関数に移るだけでなく，微分や積分という演算も，より簡単な操作に移される．たとえば，$f(t)$ の微分のラプラス変換は $\mathcal{L}\{f'\} = s\mathcal{L} - f(0) = sF(s) - f(0)$ であるから，t 空間での微分演算は，s 空間では変換関数に s を乗ずるより簡単な操作に変わる (図 2.13 参照).

2.3.1　ラプラス変換の定義

$t > 0$ において定義された関数 $f(t)$ と，実数あるいは複素数の s に対して，次の積分

┌─ ラプラス変換の定義 ─────────────────────

$$F(s) = \int_0^\infty e^{-st} f(t)\, dt = \lim_{\epsilon \to +0} \lim_{T \to \infty} \int_\epsilon^T e^{-st} f(t)\, dt \qquad (2.99)$$

└──────────────────────────────────────

が存在するとき，これを $f(t)$ のラプラス変換という．ここで $\epsilon \to +0$ は正値からゼロに近づくことを表す．$F(s)$ は，$\mathcal{L}\{f(t)\}$，あるいは $\mathcal{L}\{f\}$ などと記される．また，$F(s)$ に対して，もとの関数 $f(t)$ を逆ラプラス変換と呼び $\mathcal{L}^{-1}\{F(s)\}$ と表す．すなわち

┌─ ラプラス変換と逆ラプラス変換 ──────────────

$$F(s) = \mathcal{L}\{f(t)\}, \quad f(t) = \mathcal{L}^{-1}\{F(s)\} \qquad (2.100)$$

└──────────────────────────────────────

2.4.4 項にみられるように，s は一般に複素数であるが，この章および次章においては，s を実数として話を進める．本書では逆ラプラス変換は，最初はラプラス変換公式の逆をたどることによって求めるが，一般的には逆フーリエ変換公式を変形することによって得られる公式で計算できる．なお，逆ラプラス変換の一意性は，後に説明する逆ラプラス変換公式によって示されるので，成立すると考えて用いる．

まず，$F(s)$ は $s \to \infty$ において

$$\lim_{s\to\infty} F(s) = 0 \tag{2.101}$$

を満たす.

証明 任意の小さな正数 ϵ に対して正数 A_1 を十分小さく，また正数 A_2 を十分大きくとることによって

$$\left|\int_0^{A_1} e^{-st} f(t)\, dt\right| < \frac{\epsilon}{3}, \quad \left|\int_{A_2}^{\infty} e^{-st} f(t)\, dt\right| < \frac{\epsilon}{3}$$

を満足させるようにすることができる．一方，正数 σ を十分大きくとることにより $s > \sigma$ では

$$\left|\int_{A_1}^{A_2} e^{-st} f(t)\, dt\right| < e^{-A_1\sigma} \int_{A_1}^{A_2} |f(t)|\, dt < \frac{\epsilon}{3}$$

となるようにすることができるから

$$\therefore \quad |F(s)| < \epsilon$$

これから $\lim_{s\to\infty} F(s) = 0$ となる.

さて，関数 $f(t)$ が次の条件を満足するとき，すべての $s > \alpha$ に対して，$f(t)$ のラプラス変換が存在する.

ラプラス変換が存在するための十分条件

(i) $f(t)$ は，$t > 0$ における，任意の閉区間 $\epsilon \le t \le T_0$ $(\epsilon, T_0 > 0)$ で連続である.

(ii) (i) の T_0 に対して $M\ (> 0)$, 実数 α が存在し，すべての $t > T_0$ に対して

$$|f(t)| < Me^{\alpha t} \tag{2.102}$$

が成り立つ.

証明 条件 (i) により，$f(t)$ は

$$|f(t)| < M_1 = (M_1 e^{-\alpha t}) e^{\alpha t} \le M_2 e^{\alpha t} \qquad (\epsilon \le t \le T_0) \tag{2.103}$$

となる．ただし，M_2 は，$\epsilon \le t \le T_0$ における，$M_1 e^{-\alpha t}$ の最大値である．したがって，式 (2.102)，(2.103) により，すべての $t > 0$ に対して $|f(t)| < M_0 e^{\alpha t}$ となる．ただし，M_0 は，M と M_2 のうち大きい方をとる．このことから，積

分 (2.99) は，その絶対値が次のように評価される．

$$\left| \int_\epsilon^T e^{-st} f(t)\, dt \right| \leq \int_\epsilon^T e^{-st} |f(t)|\, dt \leq M_0 \int_\epsilon^T e^{-(s-\alpha)t} dt = M_0 \left[-\frac{e^{-(s-\alpha)t}}{s-\alpha} \right]_\epsilon^T$$

$$= \frac{M_0}{s-\alpha} \left\{ e^{-(s-\alpha)\epsilon} - e^{-(s-\alpha)T} \right\}$$

したがって，もし，$s > \alpha$ であれば，$\epsilon \to +0,\ T \to \infty$ の極限における $F(s)$ は

$$|F(s)| \leq \frac{M_0}{s-\alpha} \tag{2.104}$$

となり，$f(t)$ のラプラス変換が存在する．式 (2.104) から，次の重要な結果が導かれる．

$$s \to \infty \ \text{のとき，} \ |sF(s)| < \infty \tag{2.105}$$

条件 (ii) を満たす関数は，**指数位数**であるといわれる．条件 (ii) が満たされれば，α より大きな値の α_1 に対しても，条件式 (2.102) は満足される．つまり，式 (2.102) を満たす α は唯一ではない．α を変化させたとき，(ii) を満たす α の下限を**収束座標**と呼び α_0 と表す．α_0 は，(ii) を満足する任意の α に対して $\alpha_1 \leq \alpha$ となる α_1 の最大値である．このことから，ラプラス変換は $s > \alpha_0$ の範囲において存在することがわかる．

ラプラス変換が存在するための十分条件が満足されなくても，ラプラス変換が存在する場合がある．たとえば，関数 $1/\sqrt{t}$ は $t \to 0$ で有限ではないため，条件 (i) が満たされない．それでもラプラス変換は存在し，次項で示されるように $\sqrt{\pi/s}$ となる．しかし，この場合，式 (2.105) は成立しない．

例題 1 関数 $f(t) = t^3$ は指数位数であるか．もしそうならば，収束座標を求めよ．また，関数 $f(t) = e^{-3t}$ についてはどうか．

解答 十分大きな t に対し，任意の $\alpha > 0$ をとれば $t^3 < Me^{\alpha t}$ $(M > 0)$ が満たされる．したがって t^3 は指数位数である．α の下限は 0 であるから，収束座標は $\alpha_0 = 0$ である．ただし，$\alpha = 0$ のときには，式 (2.102) が満たされないことに注意しなければならない．次に，$f(t) = e^{-3t}$ に対しては，$3 + \alpha > 0$ $(\alpha > -3)$ ならば大きな t に対して $e^{-(3+\alpha)t} < M$ となり，したがって $e^{-3t} < Me^{\alpha t}$ である．すなわち，e^{-3t} は指数位数であり，その収束座標は $\alpha_0 = -3$ である．

問 1 次の関数は指数位数であるか．もしそうならば，収束座標を求めよ．

　1. e^{4t} 　　2. $t^2 \cosh(-3t)$

2.3.2 簡単な関数のラプラス変換

この項では，簡単だがよく使われる関数のラプラス変換について述べる．次のラプラス変換が示される．

基本的な関数のラプラス変換公式

$$\text{〔I〕} \quad \mathcal{L}\{U(t)\} = \frac{1}{s} \tag{2.106}$$

$$\text{〔II〕} \quad \mathcal{L}\{e^{at}\} = \frac{1}{s-a} \tag{2.107}$$

$$\text{〔III〕} \quad \mathcal{L}\{\cos bt\} = \frac{s}{s^2 + b^2} \tag{2.108}$$

$$\text{〔IV〕} \quad \mathcal{L}\{\sin bt\} = \frac{b}{s^2 + b^2} \tag{2.109}$$

$$\text{〔V〕} \quad \mathcal{L}\{\cosh bt\} = \frac{s}{s^2 - b^2} \tag{2.110}$$

$$\text{〔VI〕} \quad \mathcal{L}\{\sinh bt\} = \frac{b}{s^2 - b^2} \tag{2.111}$$

$$\text{〔VII〕} \quad \mathcal{L}\{t^n\} = \frac{n!}{s^{n+1}} \qquad (n : \text{正の整数}) \tag{2.112}$$

$$\text{〔VIII〕} \quad \mathcal{L}\{t^a\} = \frac{\Gamma(a+1)}{s^{a+1}} \qquad (a > -1) \tag{2.113}$$

ただし，$U(t)$ は，2.3 節で定義された単位階段関数である (図 2.14)．また，$\Gamma(x)$ はガンマ関数と呼ばれ，以下の積分で定義される．

$$\Gamma(x) = \int_0^\infty e^{-t} t^{x-1} dt \qquad (x > 0) \tag{2.114}$$

2.3 ラプラス変換の基礎

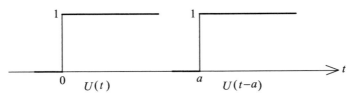

図 2.14 単位階段関数

証明

〔I〕 $\mathcal{L}\{U(t)\} = \int_0^\infty e^{-st} \cdot 1\, dt = \left[-\dfrac{1}{s}e^{-st}\right]_0^\infty = \dfrac{1}{s}$ (収束座標 $\alpha_0 = 0$)

〔II〕 $\mathcal{L}\{e^{at}\} = \int_0^\infty e^{-st}e^{at}dt = \int_0^\infty e^{-(s-a)t}dt = \left[-\dfrac{1}{s-a}e^{-(s-a)t}\right]_0^\infty$

$= \dfrac{1}{s-a} \qquad (\alpha_0 = a)$

〔III〕,〔IV〕 上式において $a = -ib\ (i = \sqrt{-1})$ ととる.オイラーの関係式 $e^{ibt} = \cos bt + i\sin bt$,および $1/(s-a) = 1/(s-ib) = (s+ib)/(s^2+b^2)$ により,

$$\mathcal{L}\{e^{ibt}\} = \mathcal{L}\{\cos bt + i\sin bt\} = \int_0^\infty e^{-st}(\cos bt + i\sin bt)\, dt$$
$$= \int_0^\infty e^{-st}\cos bt\, dt + i\int_0^\infty e^{-st}\sin bt\, dt$$

となる.一方

$$\mathcal{L}\{e^{ibt}\} = \dfrac{1}{s-ib} = \dfrac{s}{s^2+b^2} + i\dfrac{b}{s^2+b^2} \qquad (\alpha_0 = 0)$$

が成立する.上 2 式の実部,虚部同士を比較するとよい.

〔V〕 $\mathcal{L}\{\cosh bt\} = \int_0^\infty e^{-st}\dfrac{e^{bt}+e^{-bt}}{2}dt$

$= \dfrac{1}{2}\int_0^\infty e^{-st}e^{bt}dt + \dfrac{1}{2}\int_0^\infty e^{-st}e^{-bt}dt$

$= \dfrac{1}{2}\left(\dfrac{1}{s-b} + \dfrac{1}{s+b}\right) = \dfrac{s}{s^2-b^2} \qquad (\alpha_0 = |b|)$

〔VI〕 〔V〕とまったく同様にして示される.

〔VII〕 $\mathcal{L}\{t^n\} = \int_0^\infty e^{-st}t^n dt = \left[\dfrac{e^{-st}}{-s}t^n\right]_0^\infty - \int_0^\infty \dfrac{e^{-st}}{-s}nt^{n-1}dt$

$$= \frac{n}{s} \int_0^\infty e^{-st} t^{n-1} dt = \frac{n!}{s^n} \int_0^\infty e^{-st} dt = \frac{n!}{s^{n+1}} \quad (\alpha_0 = 0)$$

〔VIII〕 $\mathcal{L}\{t^a\} = \int_0^\infty e^{-st} t^a dt = \frac{1}{s^{a+1}} \int_0^\infty e^{-st} (st)^a d(st)$

$$= \frac{1}{s^{a+1}} \int_0^\infty e^{-x} x^{a+1-1} dx = \frac{\Gamma(a+1)}{s^{a+1}}$$

ここで，$x = 0$ の近傍での積分が存在するためには，$a > -1$ でなければならない ($\alpha_0 = 0$).

公式〔I〕〜〔VIII〕によって，簡単な関数とそのラプラス変換の対応が与えられる．したがって，この公式を利用すれば，右辺の s の関数に対する逆ラプラス変換がただちにわかることになる.

例題 2 $f(t) = t \sin bt$ のラプラス変換を求めよ.

解答 部分積分を繰り返すと

$$\mathcal{L}\{t \sin bt\} = \int_0^\infty e^{-st} t \sin bt \, dt$$
$$= \left[-\frac{1}{s} e^{-st} t \sin bt \right]_0^\infty + \frac{1}{s} \int_0^\infty e^{-st} (\sin bt + bt \cos bt) \, dt$$
$$= \frac{1}{s} \int_0^\infty e^{-st} \sin bt \, dt$$
$$+ \frac{b}{s} \left\{ \left[-\frac{1}{s} e^{-st} t \cos bt \right]_0^\infty + \frac{1}{s} \int_0^\infty e^{-st} (\cos bt - bt \sin bt) \, dt \right\}$$
$$= \frac{1}{s} \frac{b}{s^2 + b^2} + \frac{b}{s^2} \frac{s}{s^2 + b^2} - \frac{b^2}{s^2} \mathcal{L}\{t \sin bt\}$$

のようになり，これから

$$\mathcal{L}\{t \sin bt\} = \frac{2bs}{(s^2 + b^2)^2}$$

が得られる.

問 2 $f(t) = t \cos bt$ のラプラス変換を求めよ．なお，te^{ibt} のラプラス変換を計算し，結果の実部をとってもよい.

例題 3 $f(t) = \ln t$ のラプラス変換を求めよ.

解答 $\mathcal{L}\{\ln t\} = \int_0^\infty e^{-st} \ln t \, dt = \frac{1}{s} \int_0^\infty e^{-st} (\ln(st) - \ln s) \, d(st)$

$$= \frac{1}{s} \int_0^\infty e^{-x} \ln x \, dx - \frac{\ln s}{s} \int_0^\infty e^{-x} dx = -\frac{1}{s}(\ln s + \gamma)$$

ここで, $\gamma = -\int_0^\infty e^{-x}\ln x dx = 0.57721\cdots$ はオイラーの定数と呼ばれる. な
お, この場合, 十分条件 (i) が成立しないため, 式 (2.105) は成り立たない.

ガンマ関数の公式

(1)　$x>0$ に対して, $\Gamma(x+1) = x\Gamma(x)$　　　　　　　　　　(2.115)

式 (2.114) において, 部分積分を行えば

$$\Gamma(x) = \left[e^{-t}\frac{t^x}{x}\right]_0^\infty + \frac{1}{x}\int_0^\infty e^{-t}t^x dt = \frac{1}{x}\Gamma(x+1)$$

これから $\Gamma(x+1) = x\Gamma(x)$ が成り立つ. また $\Gamma(+0) = \lim_{x\to 0,\, x>0}\Gamma(x) = \infty$
である.

(2)　$\Gamma(n+1) = n!$　　　　(n は正の整数)　　　　　　　(2.116)

$\Gamma(1) = \int_0^\infty e^{-t}dt = \left[-e^{-t}\right]_0^\infty = 1$ である. $n = 1, 2, \cdots$ に対しては, 式
(2.115) を順次利用すれば, $\Gamma(2) = 1\cdot\Gamma(1) = 1$, $\Gamma(3) = \Gamma(2+1) = 2\cdot\Gamma(2) = 2\cdot 1 = 2!, \cdots$ となり, 一般の n に対して, 式 (2.116) が示される.

(3)　$\Gamma\left(\dfrac{1}{2}\right) = \sqrt{\pi}$　　　(証明は練習問題 2.3 の 15. 解答参照)　　　(2.117)

(4)　$x<0$ に対しては, 式 (3.18) をもとにして, $\Gamma(x)$ を定義することができ
る. すなわち, 式 (2.115) を $\Gamma(x) = \Gamma(x+1)/x$ と書き直せば, 右辺の $\Gamma(x+1)$
は $x+1>0$ において定義されているから, 左辺の $\Gamma(x)$ は $-1 < x \le 0$ に対
し拡張定義される. このとき, $\Gamma(-0) = \lim_{x\to 0,\, x<0}\Gamma(x) = -\infty$ である. 以下同
じようにして, $\Gamma(x)$ を $x < -1$ に対して拡張することができる.

(5)　$|\Gamma(-n)| = \infty$　　　($n = 0, 1, 2, \cdots$)　　　　　　(2.118)

$\Gamma(+0) = \infty$ だから, 式 (2.115) により, $\Gamma(-1+0) = \Gamma(+0)/(-1) = -\infty$.
以下同様にして上式が示される. 図 2.15 にガンマ関数のグラフを示す.

2.3.3　基礎的な公式

ラプラス変換, および逆変換に関して, 次のような公式が成り立つ. ただし,

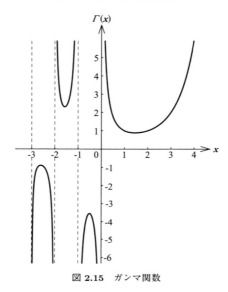

図 2.15　ガンマ関数

$f(t)$ は，2.3.1 項の条件 (i), (ii) を満たしているとする．また，$F(s) = \mathcal{L}\{f(t)\}$ である．

基礎ラプラス変換公式

〔1〕　任意の定数 a, b に対して

$$\mathcal{L}\{af_1(t) + bf_2(t)\} = a\mathcal{L}\{f_1(t)\} + b\mathcal{L}\{f_2(t)\} \tag{2.119}$$

〔1a〕　$\mathcal{L}^{-1}\{aF_1(s) + bF_2(2)\} = a\mathcal{L}^{-1}\{F_1(s)\} + b\mathcal{L}^{-1}\{F_2(t)\}$ \hfill (2.120)

ここで，$F_1(s) = \mathcal{L}\{f_1(t)\}$，$F_1(s) = \mathcal{L}\{f_1(t)\}$

〔2〕　$\mathcal{L}\{f(\lambda t)\} = \dfrac{1}{\lambda} F\left(\dfrac{s}{\lambda}\right) \qquad (\lambda > 0)$ \hfill (2.121)

〔3〕　$f(t)$ が連続であれば

$$\mathcal{L}\{f'(t)\} = s\mathcal{L}\{f(t)\} - f(+0) \qquad (f(+0) = \lim_{t \to +0} f(t)) \tag{2.122}$$

〔4〕　$f(t), f'(t)$ がともに連続であれば

2.3 ラプラス変換の基礎   105

$$\mathcal{L}\{f''(t)\} = s^2\mathcal{L}\{f(t)\} - sf(+0) - f'(+0) \qquad (f'(+0) = \lim_{t \to +0} f'(t))$$
$$\tag{2.123}$$

〔5〕 $\quad \mathcal{L}\left\{\int_a^t f(x)\,dx\right\} = \dfrac{1}{s}\mathcal{L}\{f(t)\} + \dfrac{1}{s}\int_a^0 f(x)\,dx \qquad (a \geq 0) \quad (2.124)$

〔6〕 $\quad \mathcal{L}\{e^{-at}f(t)\} = F(s+a)$ (2.125)

〔6a〕 $\quad \mathcal{L}^{-1}\{F(s+a)\} = e^{-at}f(t)$ (2.126)

〔7〕 $\quad \mathcal{L}\{f(t-a)U(t-a)\} = e^{-as}F(s)$ $(a \geq 0)$ (2.127)

〔7a〕 $\quad \mathcal{L}^{-1}\{e^{-as}F(s)\} = f(t-a)U(t-a)$ (2.128)

証明

〔1〕 $\quad \mathcal{L}\{af_1(t) + bf_2(t)\} = a\int_0^\infty e^{-st}f_1(t)\,dt + b\int_0^\infty e^{-st}f_2(t)\,dt$

$$= a\mathcal{L}\{f_1(t)\} + b\mathcal{L}\{f_2(t)\}$$

〔2〕 $\quad \mathcal{L}\{f(\lambda t)\} = \int_0^\infty e^{-st}f(\lambda t)\,dt = \int_0^\infty e^{-(s/\lambda)(\lambda t)}f(\lambda t)\dfrac{1}{\lambda}\,d(\lambda t)$

$$= \frac{1}{\lambda}\int_0^\infty e^{-(s/\lambda)x}f(x)\,dx = \frac{1}{\lambda}F\left(\frac{s}{\lambda}\right)$$

〔3〕 $\quad \mathcal{L}\{f'(t)\} = \lim_{\epsilon \to 0}\left(\int_\epsilon^\infty e^{-st}f'(t)\,dt\right)$

$$= \lim_{\epsilon \to 0}\left(\left[e^{-st}f(t)\right]_\epsilon^\infty + s\int_\epsilon^\infty e^{-st}f(t)\,dt\right)$$

$$= -f(+0) + s\mathcal{L}\{f(t)\}$$

〔4〕 〔3〕を繰り返し利用する.

$$\mathcal{L}\{f''(t)\} = s\mathcal{L}\{f'(t)\} - f'(+0) = s[s\mathcal{L}\{f(t)\} - f(+0)] - f'(+0)$$

$$= s^2\mathcal{L}\{f(t)\} - s\mathcal{L}\{f(+0)\} - f'(+0)$$

〔5〕 $\quad \left\{\int_a^t f(x)\,dx\right\} = \int_0^\infty e^{-st}\left[\int_a^t f(x)dx\right]dt$

$$= \left[-\frac{1}{s}e^{-st}\int_a^t f(x)\,dx\right]_0^\infty + \frac{1}{s}\int_0^\infty e^{-st}f(t)\,dt$$

$$= \frac{1}{s}\mathcal{L}\{f(t)\} + \frac{1}{s}\int_a^0 f(x)\,dx$$

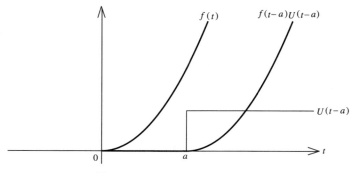

図 2.16 $f(t-a)U(t-a)$ のグラフ

〔6〕 $\mathcal{L}\{e^{-at}f(t)\} = \int_0^\infty e^{-st}e^{-at}f(t)\,dt = \int_0^\infty e^{-(s+a)t}f(t)\,dt = F(s+a)$

〔7〕 関数 $f(t)$ を, t の正方向へ $a\,(\geq 0)$ 移動した関数は, $f(t-a)U(t-a)$ と表せる (図 2.16 参照). この関数のラプラス変換は

$$\mathcal{L}\{f(t-a)U(t-a)\} = \int_0^\infty e^{-st}f(t-a)U(t-a)\,dt$$
$$= \int_a^\infty e^{-s(t-a)-sa}f(t-a)\,d(t-a)$$
$$= e^{-sa}\int_0^\infty e^{-sx}f(x)\,dx = e^{-sa}\mathcal{L}\{f(t)\}$$

例題 4 $\mathcal{L}\{f(t)\} = 4s/(s^2+2s-3)$ のとき, $f(t)$ を求めよ.

解答 これまでの公式では, このままの逆変換は見当たらない. そこで, 右辺の式を部分分数に分けてみよう.

$$\frac{4s}{s^2+2s-3} = \frac{4s}{(s+3)(s-1)} = \frac{A}{s+3} + \frac{B}{s-1} = \frac{(A+B)s + (3B-A)}{(s+3)(s-1)}$$

これより, $A+B=4, 3B-A=0$ となるから, $A=3, B=1$ が得られる. したがって, $\mathcal{L}\{f(t)\} = 3/(s+3) + 1/(s-1)$. $f(t)$ は, 右辺の逆変換として得られるが, 公式〔II〕を利用すれば, $f(t) = 3e^{-3t} + e^t$ となる.

公式〔6〕と〔III〕, 〔IV〕, 〔VIII〕を用いると, 以下のラプラス変換が得られる.

〔IX〕 $\mathcal{L}\{e^{-at}\cos bt\} = \dfrac{s+a}{(s+a)^2+b^2}$ (2.129)

$$[\text{X}] \quad \mathcal{L}\{e^{-at}\sin bt\} = \frac{b}{(s+a)^2+b^2} \tag{2.130}$$

$$[\text{XI}] \quad \mathcal{L}\{e^{-at}t^n\} = \frac{n!}{(s+a)^{n+1}} \tag{2.131}$$

例題 5 $\mathcal{L}^{-1}\{(4s+1)/(s^2+6s+25)\}$ を求めよ．

解答 $\dfrac{4(s+1)}{s^2+6s+25} = \dfrac{4(s+3)}{(s+3)^2+4^2} - \dfrac{11}{4}\dfrac{4}{(s+3)^2+4^2}$ であるから，公式
〔IX〕, 〔X〕により $\mathcal{L}^{-1}\{(4s+1)/(s^2+6s+25)\} = 4e^{-3t}\cos 4t - \dfrac{11}{4}e^{-3t}\sin 4t$.

問 3 $\mathcal{L}^{-1}\{1/(s^2+2s-8)\}$ を求めよ．

例題 6 図 2.17 に描かれた関数を $U(t)$ を使って表現し，そのラプラス変換を求めよ．

解答 関数は，$\pi \le t \le 2\pi$ において $-\sin t$，それ以外では 0 であるから
$f(t) = -\{U(t-\pi) - U(t-2\pi)\}\sin t$ と表せる．したがって

$$\begin{aligned}
\mathcal{L}\{f(t)\} &= -\mathcal{L}\{U(t-\pi)\sin t\} + \mathcal{L}\{U(t-2\pi)\sin t\} \\
&= \mathcal{L}\{U(t-\pi)\sin(t-\pi)\} + \mathcal{L}\{U(t-2\pi)\sin(t-2\pi)\} \\
&= e^{-\pi s}/(s^2+1) + e^{-2\pi s}/(s^2+1) \quad (\text{公式 〔7〕, 〔IV〕による})
\end{aligned}$$

例題 7 $\mathcal{L}^{-1}\{e^{-2s}/(s+1)^3\}$ を求めよ．

解答 $F(s) = 1/(s+1)^3$ の逆変換は，公式〔XI〕により，$f(t) = e^{-t}t^2/2$ である．したがって，公式〔7a〕を使えば，

$$\mathcal{L}^{-1}\{e^{-2s}/(s+1)^3\} = \frac{1}{2}e^{-(t-2)}(t-2)^2 U(t-2)$$

問 4 $\mathcal{L}^{-1}\{e^s/(s-1)^3\}$ を求めよ．

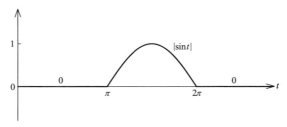

図 2.17 例題 6 の図

2.3.4 さらに進んだ公式

以下にあげる公式は，ラプラス変換・逆変換でよく利用される．ここで，$F(s) = \mathcal{L}\{f(t)\}$，$\Phi(s) = \mathcal{L}\{\phi(t)\}$ とする.

上級ラプラス変換公式

〔8〕　$F(s) = s\Phi(s)$ で $\phi(t)$ が微分可能なら，$\phi(0) = 0$，$f(t) = \phi'(t)$

$$\tag{2.132}$$

〔9〕　$F(s) = \dfrac{\Phi(s)}{s}$ なら，　$f(t) = \displaystyle\int_0^t \phi(x)\,dx$ $\tag{2.133}$

〔10〕　$\mathcal{L}\{tf(t)\} = -F'(s)$ $\tag{2.134}$

〔10a〕　$f(t) = -t^{-1}\mathcal{L}^{-1}\{F'(s)\}$ $\tag{2.135}$

〔11〕　$\mathcal{L}\left\{\dfrac{f(t)}{t}\right\} = \displaystyle\int_s^\infty F(\lambda)\,d\lambda$. なお $\displaystyle\lim_{t\to+0} \dfrac{f(t)}{t}$ が有限値をとるとする.

$$\tag{2.136}$$

〔11a〕　$f(t) = t\mathcal{L}^{-1}\left\{\displaystyle\int_s^\infty F(\lambda)\,d\lambda\right\}$ $\tag{2.137}$

〔12〕　$\mathcal{L}\left\{\displaystyle\int_0^t f(t-t')g(t')\,dt'\right\} = \mathcal{L}\left\{\displaystyle\int_0^t f(t')g(t-t')\,dt'\right\}$
$$= \mathcal{L}\{f(t)\}\mathcal{L}\{g(t)\} \tag{2.138}$$

〔12a〕　$\displaystyle\int_0^t f(t-t')g(t')\,dt' = \int_0^t f(t')g(t-t')\,dt'$
$$= \mathcal{L}^{-1}\{\mathcal{L}\{f(t)\}\mathcal{L}\{g(t)\}\} \tag{2.139}$$

〔13〕　$f(t)$ が周期 a の周期関数のとき

$$\mathcal{L}\{f(t)\} = \frac{1}{1-e^{-sa}}\int_0^a e^{-st}f(t)\,dt \tag{2.140}$$

証明

〔8〕　$\phi(t)$ が連続であれば，公式〔3〕により $\mathcal{L}\{\phi'(t)\} = s\Phi(s) - \phi(0)$.
一方，式 (2.101) により $\displaystyle\lim_{s\to\infty}\mathcal{L}\{\phi'(t)\} = 0$, $\displaystyle\lim_{s\to\infty}\mathcal{L}\{f(t)\} = \lim_{s\to\infty}F(s) = \lim_{s\to\infty}s\Phi(s) = 0$ であるから，これを上式に用いると，$\phi(0) = 0$ であることがわかる．したがって，$\mathcal{L}\{\phi'(t)\} = s\Phi(s) = \mathcal{L}\{f(t)\}$. これから，〔8〕が得

られる．なお，この公式は，$F(s)$ の逆変換はすぐには求まらないが，それを s で割った関数 $\Phi(s)$ の逆変換が既知のときに利用できる．

〔9〕 $\phi(t)$ に対して，$a = 0$ として公式〔5〕を使えば

$$\mathcal{L}\left\{\int_0^t \phi(x)dx\right\} = \frac{1}{s}\mathcal{L}\{\phi(t)\} = \frac{1}{s}\Phi(s) = \mathcal{L}\{f(t)\}$$

これから，〔9〕が得られる．なお，この公式は，$F(s)$ の逆変換はすぐには求まらないが，それに s をかけた関数 $\Phi(s)$ の逆変換が既知のときに利用できる．

〔10〕 ラプラス変換の定義式 (2.99) を s で微分することによって得られる．なお，公式〔10a〕は，$F(s)$ の微分の逆変換が既知の場合に利用できる．

〔11〕 ラプラス変換の定義式 (2.99) を，s から ∞ まで微分すれば

$$\int_s^\infty F(\lambda)\,d\lambda = \int_s^\infty d\lambda \int_0^\infty e^{-\lambda t}f(t)dt = \int_s^\infty f(t)\left(\int_s^\infty e^{-\lambda t}d\lambda\right)dt$$

$$= \int_0^\infty f(t)\left[-\frac{1}{t}e^{-st}\right]_s^\infty dt = \int_0^\infty \frac{f(t)}{t}e^{-st}dt = \mathcal{L}\left\{\frac{f(t)}{t}\right\}$$

ここで，$\lim_{t \to 0}\{f(t)/t\}$ が存在するとしているから，$f(t)/t$ のラプラス変換は存在する．なお，公式〔11a〕は，$F(s)$ の積分の逆変換が既知の場合に利用できる．

〔12〕 $\displaystyle \mathcal{L}\left\{\int_0^t f(t-t')g(t')dt'\right\} = \int_0^\infty e^{-st}dt\int_0^t f(t-t')g(t')dt'$

$$= \int_0^\infty e^{-st}dt\int_0^\infty f(t-t')U(t-t')g(t')dt'$$

$$= \int_0^\infty g(t')dt'\int_0^\infty e^{-st}f(t-t')U(t-t')dt$$

$$= \int_0^\infty g(t')dt'\int_{t'}^\infty e^{-st}f(t-t')dt$$

$$= \int_0^\infty g(t')dt'\int_0^\infty e^{-s(t-t')-st'}f(t-t')d(t-t')$$

$$= \int_0^\infty e^{-st'}g(t')dt'\int_0^\infty e^{-sx}f(x)dx = \mathcal{L}\{f(t)\}\mathcal{L}\{g(t)\}$$

1 行目から 2 行目の式の変形は，図 2.18 からわかるように，積分順序の変更である．公式〔12a〕は，$\Phi(s)$ を $\Phi(s) = F(s)G(s)$ と分解したとき，$F(s)$，$G(s)$ の逆変換 $f(t)$，$g(t)$ が既知であるときに利用できる．また，〔12a〕の左辺の t' についての積分は，フーリエ変換の場合と同様，**合成積**（たたみ込み，**convolution**）と呼ばれ $f * g$ で表す．なお，ラプラス変換における合成積は，

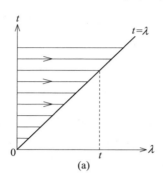
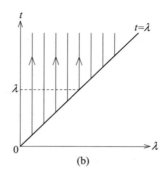

図 2.18 合成積の積分領域の変換

$f(x) = g(x) = 0 \quad (x < 0)$ とおくと，フーリエ変換での合成積の定義式 (2.90) より導かれる．

〔13〕 $f(t)$ は周期 a の周期関数である．すなわち，$f(t) = f(t+na)$．ただし，$n = 0, 1, 2, \cdots$．したがって

$$\mathcal{L}\{f(t)\} = \int_0^\infty e^{-st} f(t) dt$$
$$= \int_0^a e^{-st} f(t) dt + \int_a^{2a} e^{-st} f(t) dt + \int_{2a}^{3a} e^{-st} f(t) dt + \cdots$$

ここで，第 2 項では，$t = \tau + a$，第 3 項では，$t = \tau + 2a, \cdots$ と置き換えると (図 2.19 参照)

$$\mathcal{L}\{f(t)\} = \int_0^a e^{-s\tau} f(\tau) d\tau + \int_0^a e^{-s\tau-sa} f(\tau+a) d\tau + \int_0^a e^{-s\tau-2sa} f(\tau+2a) d\tau + \cdots$$
$$= (1 + e^{-sa} + e^{-2sa} + \cdots) \int_0^a e^{-s\tau} f(\tau) d\tau = \frac{1}{1-e^{-sa}} \int_0^a e^{-s\tau} f(\tau) d\tau$$

ここで，$1 + e^{-sa} + e^{-2sa} + \cdots$ は，公比が $e^{-sa}(<1)$ の無限等比級数だから，その和は $1/(1-e^{-sa})$ であることを利用している．

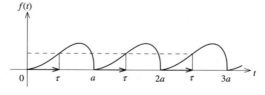

図 2.19 周期関数

2.3 ラプラス変換の基礎

例題 8 次の逆ラプラス変換を求めよ.

1. $\mathcal{L}^{-1}\{s/(s+1)^3\}$　　　2. $\mathcal{L}^{-1}\{1/[s(s^2+25)]\}$

解答

1. 公式〔8〕, 〔XI〕を利用する. すなわち

$$\mathcal{L}^{-1}\left\{\frac{s}{(s+1)^3}\right\} = \frac{d}{dt}\mathcal{L}^{-1}\left\{\frac{1}{(s+1)^3}\right\} = \frac{d}{dt}\left(\frac{1}{2!}e^{-t}t^2\right) = \frac{1}{2}e^{-t}(2t-t^2)$$

2. 部分分数に分けてもよいが, 公式〔9〕を利用するとよい.

$$\mathcal{L}^{-1}\left\{\frac{1}{s(s^2+25)}\right\} = \int_0^t \frac{1}{5}\sin 5x\,dx = \frac{1}{25}(1-\cos 5t) \qquad (\text{公式〔IV〕を使用})$$

例題 9 次のラプラス変換を求めよ.

1. $\mathcal{L}\{t^2\cos 4t\}$　　　2. $\mathcal{L}\{t^{-1}\sin t\}$

解答

1. 公式〔10〕を繰り返し利用する. すなわち

$$\mathcal{L}\{t(t\cos 4t)\} = -\frac{d}{ds}\mathcal{L}\{t\cos 4t\} = \frac{d^2}{ds^2}\mathcal{L}\{\cos 4t\} = \frac{d^2}{ds^2}\left(\frac{s}{s^2+4^2}\right)$$

$$= \frac{2s(s^2-48)}{(s^2+4^2)^3}$$

2. 公式〔11〕を使用する.

$$\mathcal{L}\left\{\frac{\sin t}{t}\right\} = \int_s^\infty \mathcal{L}\{\sin t\}(\lambda)\,d\lambda = \int_s^\infty \frac{1}{\lambda^2+1}d\lambda = \left[\tan^{-1}\lambda\right]_s^\infty = \frac{\pi}{2}-\tan^{-1}s$$

問 5 次のラプラス変換, 逆ラプラス変換を求めよ.

1. $\mathcal{L}\{t^2\sin(2t)\}$　　　2. $\mathcal{L}^{-1}\{1/[s(s^2+16)]\}$

例題 10 次の逆ラプラス変換を求めよ.

1. $\mathcal{L}^{-1}\{\ln[(s^2+1)/(s^2-1)]\}$　　　2. $\mathcal{L}^{-1}\{1/(s^2+4s+5)^2\}$

解答

1. 公式〔10a〕を使用する.

$F(s) = \ln[(s^2+1)/(s^2-1)] = \ln(s^2+1) - \ln(s^2-1)$ だから, $F'(s) = 2s/(s^2+1)-2s/(s^2-1)$. したがって, 公式〔III〕と〔V〕により, $\mathcal{L}^{-1}\{F'(s)\} = 2\cos t - 2\cosh t$. $\mathcal{L}^{-1}\{F(s)\} = 2t^{-1}(\cosh t - \cos t)$.

2. $\dfrac{1}{(s^2+4s+5)^2} = \dfrac{1}{[(s+2)^2+1]^2} = \dfrac{1}{(s+2)^2+1}\cdot\dfrac{1}{(s+2)^2+1}$

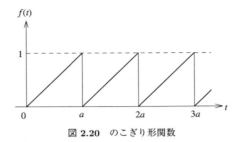

図 2.20 のこぎり形関数

$$= \mathcal{L}^{-1}\{e^{-2t}\sin t\}\mathcal{L}\{e^{-2t}\sin t\}$$

であるから,公式〔12a〕により

$$\begin{aligned}
\mathcal{L}^{-1}\{(s^2+4s+5)^{-2}\} &= \int_0^t e^{-2(t-t')}\sin(t-t')e^{-2t'}\sin t'dt' \\
&= \frac{1}{2}e^{-2t}\int_0^t \{\cos(t-2t') - \cos t\}dt' \\
&= \frac{1}{2}e^{-2t}\left[-\frac{1}{2}\sin(t-2t') - t'\cos t\right]_0^t \\
&= \frac{1}{2}e^{-2t}(\sin t - t\cos t)
\end{aligned}$$

例題 11 図 2.20 で示された,のこぎり形周期関数のラプラス変換を求めよ.

解答 $0 < t < a$ における関数は $f(t) = t/a$ と表せる.したがって

$$\begin{aligned}
\int_0^a e^{-st}\frac{t}{a}dt &= \frac{1}{a}\left(\left[-\frac{1}{s}e^{-st}t\right]_0^a + \frac{1}{s}\int_0^a e^{-st}dt\right) \\
&= \frac{1}{a}\left(-\frac{a}{s}e^{-sa} - \frac{1}{s^2}[e^{-st}]_0^a\right) = -\frac{1}{s}e^{-sa} + \frac{1}{as^2}(1-e^{-sa})
\end{aligned}$$

となり,これから $\mathcal{L}\{f(t)\} = \dfrac{1}{as^2} - \dfrac{e^{-sa}}{s(1-e^{-sa})}$ が得られる.

2.3.5 ヘビサイドの展開定理

例題 4 でみたように,s の有理関数 (多項式の商の形の関数) の逆ラプラス変換は,この関数を部分分数に展開すれば,簡単に行える.この項では,部分分数展開の方法を系統的に取り扱うための,ヘビサイドの展開定理について説明する.有理関数 $F(s) = P(s)/Q(s)$ において,多項式 $P(s)$ の次数は $Q(s)$ の次数より小さいとする.また,$Q(s)$,$P(s)$ を因数分解したとき,$Q(s)$ のどの因

子も，$P(s)$ の因子と一致しないものとする．このとき，$Q(s)$ の各因子に対する展開係数は，次のように決められる．

(1) **$Q(s)$ が $(s-a)$ の 1 次因子をもつ場合：**

$$F(s) = \frac{\Phi(s)}{s-a} = \frac{A}{s-a} + R(s) \qquad (A = \Phi(a)) \qquad (2.141)$$

となる．ただし，$\Phi(s) = (s-a)F(s)$ であり，$R(s)$ は，$(s-a)$ 以外の因子による $F(s)$ の部分分数を表す．上式の逆変換をとれば，

$$\mathcal{L}^{-1}\{F(s)\} = \Phi(a)e^{at} + \mathcal{L}^{-1}\{R(s)\} \qquad (2.142)$$

が得られる．

証明 $Q(s)$ が $(s-a)$ の 1 次因子を含むとき，部分分数展開は，式 (2.141) のようになる．このとき，係数 A は次のようにして求められる．式 (2.141) に $(s-a)$ をかけ $s \to a$ とする．$R(s)$ は $1/(s-a)$ の因子は含まないから，$\lim_{s \to a}(s-a)R(s) = 0$ となる．したがって，第 2 式と第 3 式から $A = \Phi(a)$ となる．逆変換に対しては，公式〔II〕を用いればよい．

(2) **$Q(s)$ が $(s-a)$ の r 次因子をもつ場合：**

$$F(s) = \frac{\Phi(s)}{(s-a)^r} = \sum_{k=1}^{r} \frac{A_k}{(s-a)^k} + R(s), \quad A_k = \frac{\Phi^{(r-k)}(a)}{(r-k)!} \qquad (2.143)$$

となる．ただし，$\Phi(s) = (s-a)^r F(s)$ であり，$R(s)$ は，$(s-a)$ 以外の因子による $F(s)$ の部分分数を表す．上式の逆変換をとれば，

$$\mathcal{L}^{-1}\{F(s)\} = \sum_{k=1}^{r} \frac{\Phi^{(r-k)}(a)}{(r-k)!} e^{at} \frac{t^{k-1}}{(k-1)!} + \mathcal{L}^{-1}\{R(s)\} \qquad (2.144)$$

が得られる．

証明 $Q(s)$ が $(s-a)^r$ の因子を含むとき，$F(s)$ の部分分数展開は，式 (2.143) のようになる．このとき，係数 A_k は次のようにして求められる．式 (2.143) に $(s-a)^r$ をかけると

$$\Phi(s) = A_r + A_{r-1}(s-a) + A_{r-2}(s-a)^2 + \cdots$$
$$+ A_2(s-a)^{r-2} + A_1(s-a)^{r-1} + (s-a)^r R(s)$$

となる．上式において，$s \to a$ ととれば，$A_r = \Phi(a)$ となる．次に，1 回微分
して，$s \to a$ ととれば，$A_{r-1} = \Phi'(a)$．以下，次々と微分して，$s \to a$ とす
れば，$2!A_{r-2} = \Phi''(a), \cdots, (r-2)!A_2 = \Phi^{(r-2)}(a), (r-1)!A_1 = \Phi^{(r-1)}(a)$
となる．すなわち $A_k = \Phi^{(r-k)}(a)/(r-k)!$ $(k = 1, 2, \cdots, r)$．逆変換に対し
ては，公式〔XI〕を用いればよい．

(3) $Q(s)$ が $[(s+a)^2 + b^2]$ の 1 次因子をもつ場合：

$$F(s) = \frac{\Phi(s)}{(s+a)^2 + b^2} = \frac{A(s+a) + B}{(s+a)^2 + b^2} + R(s) \qquad (A = \phi_i/b,\ B = \phi_r)$$
(2.145)

となる．ただし，$\Phi(s) = [(s+a)^2 + b^2]F(s)$ であり，$\phi_r,\ \phi_i$ は，$\Phi(-a+ib) = \phi_r + i\phi_i$ によって決まる実数である．また，$R(s)$ は，$(s+a)^2 + b^2$ 以外の因
子による $F(s)$ の部分分数を表す．上式の逆変換をとれば，

$$\mathcal{L}^{-1}\{F(s)\} = \frac{1}{b}(\phi_i \cos bt + \phi_r \sin bt)e^{-at} + \mathcal{L}^{-1}\{R(s)\} \qquad (2.146)$$

が得られる．

証明 $F(s)$ は，式 (2.145) のように部分分数展開されるが，ここで，A, B は次のよ
うにして決定される．式 (2.145) の両辺に $(s+a)^2 + b^2$ を乗じて，$(s+a)^2 + b^2 = 0$
の根である $-a+ib$ をとり，$s \to -a+ib$ とすれば，$[(s+a)^2 + b^2]R(s) \to 0$
となるから

$$\Phi(-a + ib) = \phi_r + i\phi_i = B + iAb$$

この式の実部，虚部同士を比較することによって，$A = \phi_i/b,\ B = \phi_r$ を得る．
逆変換に際しては，公式〔IX〕，〔X〕を用いればよい．

　$Q(s)$ の各因子に対して，(1), (2), (3) の方法をあてはめれば，$F(s)$ の逆変換
が得られる．なお，式 (2.141), (2.143), (2.145) を厳密に証明するためには，
1.3.2 項で説明されたローラン展開を利用するが，ここでは結果を利用する．

例題 12 $\mathcal{L}^{-1}\{(s+1)/[(s-1)(s+3)(s+5)]\}$ を求めよ．

解答 $(s-1)$ の因子に対し $A = (s+1)/[(s+3)(s+5)]|_{s=1} = 2/(4 \cdot 6) = 1/12$.
$(s+3)$ の因子に対し $A = (s+1)/[(s-1)(s+5)]|_{s=-3} = -2/[(-4)(2)] = 1/4$.
$(s+5)$ の因子に対し $A = (s+1)/[(s-1)(s+3)]|_{s=-5} = -4/[(-6)(-2)] =$

$-1/3$. したがって

$$\mathcal{L}^{-1}\left\{\frac{s+1}{(s-1)(s+3)(s+5)}\right\} = \frac{1}{12}e^t + \frac{1}{4}e^{-3t} - \frac{1}{3}e^{-5t}$$

例題 13 $\mathcal{L}^{-1}\{(s+1)/[(s+2)^3(s+3)]\}$ を求めよ.

解答 $(s+3)$ の因子に対し $A = (s+1)(s+2)^3|_{s=-3} = -2/(-1)^3 = 2$.
$\Phi(s) = (s+2)^3 F(s) = (s+1)/(s+3)$ とおくとき, $\Phi'(s) = 2(s+3)^{-2}$, $\Phi''(s) = -4(s+3)^{-3}$ だから

$$(s+2) \text{ に対し} \quad A_1 = (1/2)\Phi''(-2) = -2(s+3)^{-3}|_{s=-2} = -2$$
$$(s+2)^2 \text{ に対し} \; A_2 = \Phi'(-2) = 2(s+3)^{-2}|_{s=-2} = 2$$
$$(s+2)^3 \text{ に対し} \; A_3 = \Phi(-2) = -1/1 = -1$$

したがって

$$\mathcal{L}^{-1}\left\{\frac{s+1}{(s+2)^3(s+3)}\right\} = 2e^{-3t} - 2e^{-2t} + 2e^{-2t}t - \frac{1}{2}e^{-2t}t^2$$

例題 14 $\mathcal{L}^{-1}\{s/[(s+1)(s^2+6s+10)]\}$ を求めよ.

解答 $s^2 + 6s + 10 = (s+3)^2 + 1$ であるから, 2 次の因子が含まれている. $s^2 + 6s + 10 = 0$ の根は, $s = -3 \pm i$ である. まず, $(s+1)$ の因子に対し $A = s/(s^2+6s+10)|_{s=-1} = -1/5$. 次に, $\Phi(s) = (s^2+6s+10)F(s) = s/(s+1)$ とおけば, $\Phi(-3+i) = (-3+i)/(-2+i) = (7+i)/5$ であるから, $\phi_i = 1/5$, $\phi_r = 7/5$ を得る. したがって

$$\mathcal{L}^{-1}\left\{\frac{s}{(s+1)(s^2+6s+10)}\right\} = -\frac{1}{5}e^{-t} + \frac{1}{5}e^{-3t}(\cos t + 7\sin t)$$

問 6 次の逆ラプラス変換を求めよ.

1. $\mathcal{L}^{-1}\{(s+4)/[(s+1)(s+2)(s+3)]\}$ 2. $\mathcal{L}^{-1}\{s/[(s+1)^2(s+3)]\}$

例題 15 $\mathcal{L}^{-1}\{(s^3+3s^2+s+1)/(s^2+2s+5)^2\}$ を求めよ.

解答 $F(s)$ を次のように変形する.

$$F(s) = \frac{s+1}{s^2+2s+5} - \frac{3(2s+2)}{(s^2+2s+5)^2} + \frac{2}{(s^2+2s+5)^2}$$

ここで

$$\mathcal{L}^{-1}\left\{\frac{s+1}{s^2+2s+5}\right\} = \mathcal{L}^{-1}\left\{\frac{s+1}{(s+1)^2+2^2}\right\} = e^{-t}\cos 2t,$$

$$\mathcal{L}^{-1}\left\{\frac{2s+2}{(s^2+2s+5)^2}\right\} = -\mathcal{L}^{-1}\left\{\frac{d}{ds}\left(\frac{1}{s^2+2s+5}\right)\right\} = t\mathcal{L}^{-1}\left\{\frac{1}{s^2+2s+5}\right\}$$
$$= \frac{t}{2}e^{-t}\sin 2t$$

例題 10 の 2. より

$$\mathcal{L}^{-1}\left\{\frac{1}{(s^2+2s+5)^2}\right\} = \mathcal{L}^{-1}\left\{\frac{1}{[(s+1)^2+2^2]^2}\right\} = \frac{1}{8}e^{-t}\left(\frac{1}{2}\sin 2t - t\cos 2t\right)$$

となる. したがって

$$\mathcal{L}^{-1}\left\{F(s)\right\} = e^{-t}\left(\cos 2t - \frac{3}{2}t\sin 2t - \frac{t}{4}\cos 2t + \frac{1}{8}\sin 2t\right)$$

が得られる.

練習問題 2.3

1. 次の関数はラプラス変換は可能か. 可能であれば収束座標を求めよ.

1) $\sinh t$ 2) $\cos t^2$ 3) $t^\alpha(\alpha \le -1)$ 4) $\ln t$

5) $t^{-1}\ln t$ 6) e^{t^2}

2. $0 < a < b$ とするとき $F(s) = s^2 \ln\dfrac{s^2+b}{s^2+a}$ の逆ラプラス変換は不可能であることを示せ.

3. $f(t)$ には, $t = t_0$ において, 大きさが J の不連続があるとする. すなわち, $\lim\limits_{t\to t_0+0} f(t) - \lim\limits_{t\to t_0-0} f(t) = J$. このとき $f'(t)$ のラプラス変換を求めよ.

4. $\mathcal{L}\{f^{(n)}(t)\} = s^n\mathcal{L}\{f(t)\} - s^{n-1}f(+0) - s^{n-2}f'(+0) - \cdots - f^{(n-1)}(+0)$ を示せ.

5. $f(+0) = f'(+0) = 0$ であり, $f''(t)$ が 2.3.1 項の式 (2.102) の条件 (i), (ii) を満たすとき $\lim\limits_{s\to\infty} s^2\mathcal{L}\{f\} = 0$ を示せ.

6. $f(t)$ と $f'(t)$ が条件 (i), (ii) を満たすとき, 次式を示せ.

1) $f(+0) = \lim\limits_{s\to\infty} s\mathcal{L}\{f\}$ 2) $\lim\limits_{t\to\infty} f(t) = \lim\limits_{s\to+0} s\mathcal{L}\{f\}$. ただし $f(+\infty) = \lim\limits_{t\to\infty} f(t)$ が有限確定値をもつとする.

7. 次のラプラス変換を求めよ.

1) $\cosh(at+b)$ 2) $\sin(at+b)$ 3) $\cos^2 t$

4) $(t+1)^3$ 5) $\sinh^2 t$

8. 次の関数のラプラス変換を求めよ.

2.3 ラプラス変換の基礎 117

1) $e^t(3\sin 2t - \cos 2t)$ 　　　　 2) $e^{-t}(2\sinh 3t - 5\cosh 3t)$

3) $t\displaystyle\int_0^t e^{-3\tau}\sin 4\tau\,d\tau$ 　　　 4) $\displaystyle\int_0^t du \int_0^u \frac{\sin av}{v}\,dv$

5) $[U(t-a) - U(t-b)]e^{-3t}$ 　　 6) $[U(t-2) - U(t-1)](t-2)(t-1)$

7) $t^2(\sin 2t + 2\cos 2t)$ 　　　 8) $(1 - \cosh t)/t$

9. $\mathcal{L}\{t^n f(t)\} = (-1)^n \dfrac{d^n F(s)}{ds^n}$ を示せ. ただし $F(s) = \mathcal{L}\{f(t)\}$.

10. $\mathcal{L}\left\{\dfrac{e^{-a^2/(4t)}}{\sqrt{t}}\right\} = \sqrt{\dfrac{\pi}{s}}\,e^{-a\sqrt{s}}$ を使い $\mathcal{L}\left\{\dfrac{e^{-a^2/(4t)}}{t^{3/2}}\right\} = \dfrac{2\sqrt{\pi}e^{-a\sqrt{s}}}{a}$ を示せ.

11. 1 周期において，次のように与えられた周期関数のラプラス変換を求めよ.

　1) $f(t) = \begin{cases} 1 & (0 < t < 1) \\ -1 & (1 < t < 2) \end{cases}$ 　　 2) $f(t) = \sin t \qquad (0 < t < \pi)$

12. 次の逆ラプラス変換を求めよ.

　1) $\dfrac{1}{(s+2)^5}$ 　　　　 2) $\dfrac{1}{s(s+2)^3}$ 　　　　 3) $\dfrac{s}{(s^2+a^2)^2}$

　4) $\dfrac{s+4}{(s^2+8s+25)^2}$ 　　 5) $\dfrac{(s+3)e^{-\pi s}}{s^2+2s+10}$ 　　 6) $\ln\left(1 + \dfrac{1}{s^2}\right)$

　7) $\dfrac{1}{s^4 - a^4}$ 　　　 8) $\dfrac{s+(s-1)e^{-\pi s}}{s^2+1}$ 　　 9) $\dfrac{1-(1+as)e^{-as}}{s^2(1-e^{-2as})}$

13. 次の逆ラプラス変換を求めよ.

　1) $\dfrac{s+2}{(s-1)(s^2+2s+5)}$ 　　 2) $\dfrac{s^2+1}{(s-1)(s+1)(s^2+4)}$

　3) $\dfrac{1}{s^2(s+1)^3}$ 　　　 4) $\dfrac{s}{(s+1)^2(s-2)(s^2+1)}$

　5) $\dfrac{s}{s^3+a^3}$ 　　　　 6) $\dfrac{2s+3}{s^3+3s^2+4s+2}$

14. ヘビサイドの展開定理 (3) において，$s = -a + ib$ のかわりに，$s = -a - ib$ を用いても，同じ結果が得られることを示せ.

15. $\Gamma\left(\dfrac{1}{2}\right) = \sqrt{\pi}$ を示せ.

16. n が非常に大きいとき $\Gamma(n+1) = n! \approx \sqrt{2\pi}e^{-n}n^{n+\frac{1}{2}}$ (スターリングの公式) となることを証明せよ.

17. $p > 0$, $q > 0$ に対して $B(p,q) = \displaystyle\int_0^1 t^{p-1}(1-t)^{q-1}dt$ で定義される関数をベータ関数と呼ぶ. このとき $B(p,q) = \Gamma(p)\Gamma(q)/\Gamma(p+q)$ となることを証明せよ.

2.4 ラプラス変換の応用

ここでは，これまでに学んだラプラス変換を用いて，微分方程式の初期値問題・境界値問題などの解が簡単に求められることを説明する．その理由は，ラプラス変換では初期条件を自動的に取り入れることが可能となるからである．このため，ラプラス変換は，電気，機械，自動制御など工学において広く用いられているが，ここではその簡単な応用例を述べる．とくに，システム応答の数学的構成について，比較的詳しく説明する．

2.4.1 線形常微分方程式

ラプラス変換の重要な応用として，定数係数の線形常微分方程式をとりあげ，ラプラス変換による解法の特徴を調べてみよう．

例題 1 次の微分方程式を解け．ただし，$y(0) = 2$, $y'(0) = 3$ とする．

$$y''(t) + 4y'(t) + 4y(t) = te^{-2t}$$

解答 両辺のラプラス変換をとる．公式 〔1〕，〔3〕，〔4〕，〔XI〕により

$$s^2\mathcal{L}\{y(t)\} - sy(0) - y'(0) + 4[s\mathcal{L}\{y(t)\} - y(0)] + 4\mathcal{L}\{y(t)\} = 1/(s+2)^2$$

ここで，初期条件をあてはめ，整理すれば

$$(s+2)^2\mathcal{L}\{y(t)\} - (2s+11) = 1/(s+2)^2$$

したがって，変換された未知数は，代表的な操作のみによって，容易に次のように求められる．

$$\mathcal{L}\{y(t)\} = \frac{2}{s+2} + \frac{7}{(s+2)^2} + \frac{1}{(s+2)^4}$$

したがって，解 $y(t)$ は，上式の逆変換をとることによって，次のようになる．

$$\begin{aligned}
y(t) &= \mathcal{L}^{-1}\left\{\frac{2}{s+2} + \frac{7}{(s+2)^2} + \frac{1}{(s+2)^4}\right\} \\
&= 2\mathcal{L}^{-1}\left\{\frac{1}{s+2}\right\} + 7\mathcal{L}^{-1}\left\{\frac{1}{(s+2)^2}\right\} + \mathcal{L}^{-1}\left\{\frac{1}{(s+2)^4}\right\} \\
\therefore \quad y(t) &= 2e^{-2t} + 7te^{-2t} + t^3e^{-2t}/6 \qquad (\text{〔XI〕による})
\end{aligned}$$

2.4 ラプラス変換の応用　　　　　　　　　　　　　　　　　　　*119*

問 1　次の微分方程式を解け，ただし，$y(0) = 1$, $y'(0) = 2$ とする.

$$y''(t) + 6y'(t) + 9y(t) = te^{-3t}$$

　このようにして，ラプラス変換の方法では，初期条件は最初から組み込まれ「常微分方程式」の篇で述べられた方法のように，微分方程式の特殊解・一般解を得た後で初期条件をあてはめるという手間がいらない．また，この方程式のように，特性方程式の根が重根であったり，同時方程式の解と方程式の右辺とが一致している場合においてさえ，ラプラス変換による方法では，なんら特別の考慮を必要とせずに解が求められる．

　高階の方程式にも，もちろん適用される．

例題 2　次の微分方程式を解け．ただし，$y(0) = 0$, $y'(0) = 0$, $y''(0) = 1$ とする.

$$y'''(t) + 3y''(t) + 3y'(t) + y(t) = \sinh t$$

解答　$\mathcal{L}\{y'''\}$ は公式〔3〕を繰り返し使用することによって求められる．上式のラプラス変換をとり，初期条件をあてはめると $(s+1)^3 \mathcal{L}\{y\} - 1 = 1/(s^2 - 1)$ となる．したがって

$$\mathcal{L}\{y(t)\} = \frac{1}{(s+1)^3} + \frac{1}{(s-1)(s+1)^4}$$

右辺第 2 項に対しては，ヘビサイドの展開定理 (2) を利用する．$(s-1)$ の因子に対する係数は $(s+1)^{-4}|_{s=1} = 1/16$．$\Phi(s) = (s-1)^{-1}$ とするとき，$\Phi(-1) = -1/2$，$\Phi'(-1) = -(s-1)^{-2}|_{s=-1} = -1/4$，$\Phi''(-1) = 2(s-1)^{-3}|_{s=-1} = -1/4$，$\Phi'''(-1) = -6(s-1)^{-4}|_{s=-1} = -3/8$．ゆえに

$$\frac{1}{(s-1)(s+1)^4} = \frac{1}{16}\frac{1}{s-1} - \frac{1}{16}\frac{1}{s+1} - \frac{1}{8}\frac{1}{(s+1)^2} - \frac{1}{4}\frac{1}{(s+1)^3} - \frac{1}{2}\frac{1}{(s+1)^4}$$

$$\mathcal{L}\{y(t)\} = \frac{1}{16}\left(\frac{1}{s-1} - \frac{1}{s+1}\right) - \frac{1}{8}\frac{1}{(s+1)^2} + \frac{3}{4}\frac{1}{(s+1)^3} - \frac{1}{2}\frac{1}{(s+1)^4}$$

上式に公式 [VI]，[XI] を用いると解が得られる．

$$\therefore \ y(t) = \frac{1}{8}\sinh t - e^{-t}\left(\frac{t}{8} - \frac{3}{8}t^2 + \frac{1}{12}t^3\right)$$

　ラプラス変換による解法は，右辺の関数が不連続な場合にも適用できる．

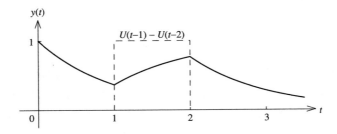

図 2.21　$y(t) = e^{-t} + (1 - e^{-(t-1)})U(t-1) - (1 - e^{-(t-2)})U(t-2)$ のグラフ

例題 3　次の微分方程式を解け．ただし，$y(0) = 1$ とする．

$$y'(t) + y(t) = U(t-1) - U(t-2)$$

解答　ラプラス変換をとり，初期条件をあてはめると

$$\mathcal{L}\{y\} = \frac{1}{s+1} + \frac{e^{-s}}{s(s+1)} - \frac{e^{-2s}}{s(s+1)}$$
$$= \frac{1}{s+1} + \left(\frac{1}{s} - \frac{1}{s+1}\right)e^{-s} - \left(\frac{1}{s} - \frac{1}{s+1}\right)e^{-2s}$$

この逆変換をとれば，公式〔II〕，〔7a〕により

$$y(t) = e^{-t} + (1 - e^{-(t-1)})U(t-1) - (1 - e^{-(t-2)})U(t-2)$$

図 2.21 に，このときの $y(t)$ の変化のようすを示す．右辺の関数は不連続でも，得られた解 $y(t)$ は連続であり，したがって，公式〔3〕の前提である $y(t)$ の連続性が，結果的に成り立っていることがわかる．

　右辺の関数が周期関数である場合を考えよう．

例題 4　微分方程式 $y'(t) + y(t) = f(t)$ を解け．ただし，$f(t)$ は，2.3 節の例題 11 で扱われたのこぎり形周期関数とし，また，$y(0) = 0$ ととる．

解答　ラプラス変換された式は

$$(s+1)\mathcal{L}\{y\} = 1/(as^2) - e^{-sa}/[s(1 - e^{-sa})]$$
$$\therefore \mathcal{L}y = \frac{1}{as^2(s+1)} - \frac{e^{-sa}}{s(s+1)(1 - e^{-sa})}$$

右辺第 1 項の逆変換は，これまでの方法では，ただちには得られない．そこで，$1/(1 - e^{-sa})$ を展開する．$1/(1 - e^{-sa}) = 1 + e^{-sa} + e^{-2sa} + e^{-3sa} + \cdots$ で

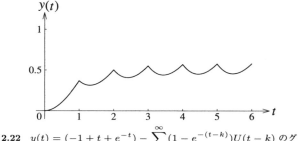

図 2.22　$y(t) = (-1 + t + e^{-t}) - \sum_{k=1}^{\infty}(1 - e^{-(t-k)})U(t-k)$ のグラフ

あるから，第 2 項は，

$$\frac{e^{-sa}}{s(s+1)(1-e^{-sa})} = \left(\frac{1}{s} - \frac{1}{s+1}\right)(e^{-sa} + e^{-2sa} + e^{-3sa} + \cdots)$$

となる．この逆変換は，公式 〔I〕，〔II〕，〔7a〕を利用すれば，容易に行える．

$$\mathcal{L}^{-1}\left\{\frac{e^{-sa}}{s(s+1)(1-e^{-sa})}\right\} = (1 - e^{-(t-a)})U(t-a) + (1 - e^{-(t-2a)})U(t-2a) + \cdots$$

したがって

$$y(t) = (-1 + t + e^{-t})/a - (1 - e^{-(t-a)})U(t-a) - (1 - e^{-(t-2a)})U(t-2a) - \cdots$$

図 2.22 に，$a = 1$ のときの $y(t)$ のグラフを示す．これにより，時間がたつにつれて，y の変化は周期的になることがわかるであろう．

ラプラス変換は，連立の方程式に対しても適用することができる．

例題 5　次の連立微分方程式を解け．ただし，$y(0) = 0$，$z(0) = 1$ とする．

$$\begin{cases} y'(t) - 4y(t) - 5z(t) = 0 \\ z'(t) - 4z(t) + 5y(t) = 0 \end{cases}$$

解答　両式のラプラス変換をとり，初期条件をあてはめると

$$\begin{cases} (s-4)\mathcal{L}\{y\} - 5\mathcal{L}\{z\} = 0 \\ 5\mathcal{L}\{y\} + (s-4)\mathcal{L}\{z\} = 1 \end{cases}$$

となり，変換された未知関数に対する連立の 1 次方程式を得る．これを解いて

$$\mathcal{L}\{y\} = \frac{5}{(s-4)^2 + 5^2} \quad \text{および} \quad \mathcal{L}\{z\} = \frac{s-4}{(s-4)^2 + 5^2}$$

を得る. 逆変換をとれば, 以下の解が求められる.

$$y(t) = e^{4t}\sin 5t, \quad z(t) = e^{4t}\cos 5t$$

問2 次の連立微分方程式を解け. ただし, $y(0) = 0$, $z(0) = 1$ とする.

$$\begin{cases} y'(t) - 2y(t) - 2z(t) = 0 \\ z'(t) - 2z(t) + 2y(t) = 0 \end{cases}$$

これまでの例では, 微分方程式を解くのに必要な条件は, すべて $t = 0$ において与えられ, $t > 0$ での解を求めてきた. つまり, 微分方程式の初期値問題を取り扱ってきた. 場合によっては, 条件が異なる 2 点, たとえば $t = 0$ と $t = a$ で与えられ, $0 < t < a$ の間での解を求めるという境界値問題を取り扱わねばならぬことがある. この場合にも, ラプラス変換の方法は適用される. 次の例によって, 境界値問題の解法をみてみよう.

例題 6 次の微分方程式を解け.

$$y''(t) + 4y'(t) + 5y(t) = 0, \quad y(0) = 1, \quad y\left(\frac{\pi}{2}\right) = e^{-\pi}$$

解答 上式のラプラス変換をとるが, このとき, $y'(0) = c$ とおく. ただし, c は未定定数で, 後ほど決定される. この条件を用いると, $\mathcal{L}\{y\}$ は, 次のように求められる.

$$\mathcal{L}\{y\} = \frac{s+2}{(s+2)^2+1} + \frac{2+c}{(s+2)^2+1}$$

したがって, 逆変換は

$$y(t) = e^{-2t}\cos t + (2+c)e^{-2t}\sin t$$

ここで, $t = \pi/2$ での境界条件をあてはめて, 定数 c を決定する. すなわち, $y(\pi/2) = e^{-\pi}$ より, $c = -1$ となるから, $y(t)$ は

$$y(t) = e^{-2t}(\cos t + \sin t)$$

となる.

この項の最後の例として, 未知関数の微分のみか, 積分をも含む方程式をとりあげよう. この種の方程式は微積分方程式と呼ばれる. もちろん, 微分の階数だけの条件 (たとえば初期条件) が必要である.

例題 7 次の微積分方程式を解け．ただし，$y(0) = 1$ とする．
$$y'(t) + 3y(t) + 2\int_0^t y(x)dx = e^t$$

解答 公式〔3〕，〔5〕を用いてラプラス変換をとれば，次式を得る．
$$s\mathcal{L}\{y\} - 1 + 3\mathcal{L}\{y\} + (2/s)\mathcal{L}\{y\} = 1/(s-1)$$

したがって
$$\mathcal{L}\{y\} = \frac{s}{(s-1)(s+1)(s+2)} + \frac{s}{(s+1)(s+2)}$$
$$\therefore \quad y(t) = \frac{1}{6}e^t - \frac{1}{2}e^{-t} + \frac{4}{3}e^{-2t}$$

2.4.2 具体的な応用例とデュアメルの公式

ラプラス変換の方法は，機械工学，電気工学，自動制御などの分野でよく用いられるが，ここでは，簡単な電気回路と力学の問題をとりあげてみよう．

例題 8 図 2.23 に示されているような，抵抗 (R)，コンデンサ (容量 C)，および電源 (E) からなる電気回路を考える．$t > 0$ において，次のような電圧 $E(t)$ が加えられたとき，回路を流れる電流 $I(t)$ を求めよ．

(i) $E(t) = E_0 U(t)$ 直流電源 (ii) $E(t) = E_0 \sin \omega t$ 交流電源

ただし，E_0 は一定とし，最初コンデンサに電荷は蓄えられていなかったとする．

解答 電圧 $E(t)$ を加えることにより，回路に $I(t)$ の電流が流れたとすると，コンデンサに蓄えられる電荷は，dt 時間に $dQ = Idt$ であるので

$$dQ(t)/dt = I(t) \tag{2.147}$$

となる．このとき，抵抗 R による電圧降下は RI．また，コンデンサの電荷を

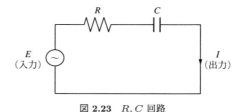

図 **2.23** R, C 回路

Q とすれば，コンデンサの両端間の電位差は Q/C である．この両者による電圧降下が，加えられた電圧に等しいから

$$RI(t) + Q(t)/C = E(t) \tag{2.148}$$

が成り立つ．上式のラプラス変換をとり，$Q(0) = 0$ を用いると

$$s\mathcal{L}\{Q\} = \mathcal{L}\{I\}, \quad R\mathcal{L}\{I\} + \mathcal{L}\{Q\}/C = \mathcal{L}\{E\}$$

これから以下の式が得られる．

$$\mathcal{L}\{I\} = \mathcal{L}\{E\}Z(s), \quad Z(s) = \left(R + \frac{1}{sC}\right)^{-1} \tag{2.149}$$

(i) の場合： $\mathcal{L}\{E\} = E_0/s$ であるから，解は以下のようになる．

$$\mathcal{L}\{I\} = \frac{E_0}{R\left(s + \dfrac{1}{RC}\right)}$$

これから，電流 $I(t)$ が求められる．

$$I(t) = E_0 A(t), \quad A(t) = \frac{1}{R}e^{-t/(RC)} \tag{2.150}$$

RC は時定数と呼ばれ，初期値が $1/e$ に減衰する時間を表す．

(ii) の場合： $\mathcal{L}\{E\} = E_0\omega/(s^2 + \omega^2)$ であるから，解は以下のようになる．

$$\mathcal{L}\{I\} = \frac{E_0\omega s}{R(s^2 + \omega^2)(s + 1/(RC))}$$

$$= \left(\frac{E_0\omega}{R}\right)\frac{1}{\omega^2 + 1/(R^2C^2)}\left[\frac{s/(RC) + \omega^2}{s^2 + \omega^2} - \frac{1}{RC}\frac{1}{s + 1/(RC)}\right]$$

これから，電流 $I(t)$ が求められる．

$$I(t) = \left(\frac{E_0\omega}{R}\right)\frac{1}{\omega^2 + 1/(R^2C^2)}\left[\frac{1}{RC}\cos\omega t + \omega\sin\omega t - \frac{1}{RC}e^{-t/(RC)}\right] \tag{2.151}$$

なお，右辺第 1 項は周期項，第 2 項は過渡項と呼ばれる．

例題 9 図 2.24 に示されているような物体 (m)，ばね (k)，および減衰器 (ダンパ)(c) からなる振動系を考える．静止の状態にある系に対し，$t > 0$ において，$f(t) = U(t)$ なる外力が働くとする．このとき，物体の変位 $y(t)$ を求めよ．

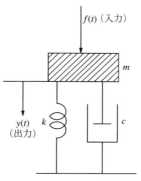

図 2.24 ばね,減衰器系

解答 物体力には,外力 $f(t)$,ばねによる力 $ky(t)$,減衰器による力 $c\dot{y}(t)$ が働くから,その運動方程式は

$$m\frac{d^2y}{dt^2} + c\frac{dy}{dt} + ky = f \tag{2.152}$$

である.最初,静止の状態にあったから,$y(0) = \dot{y}(0) = 0$ である.上式のラプラス変換をとり,初期条件を代入すれば

$$(ms^2 + cs + k)\mathcal{L}\{y\} = \mathcal{L}\{f\}$$

となる.これから

$$\mathcal{L}\{y\} = \mathcal{L}\{f\}Z(s), \quad Z(s) = [m(s^2 + 2\beta\omega_0 s + \omega_0^2)]^{-1} \tag{2.153}$$

が得られる.ただし,$\omega_0^2 = k/m$,$\beta = c/(2\sqrt{km})$ である.$\mathcal{L}\{f\} = \mathcal{L}\{U(t)\} = 1/s$ であるから

$$\mathcal{L}\{y\} = \frac{Z(s)}{s} = \frac{1}{m[(s + \beta\omega_0)^2 + \omega_0^2(1 - \beta^2)]s} \tag{2.154}$$

となる.この逆変換は,ヘビサイドの展開定理を使えば容易に求められる.

(i) $\beta^2 < 1$ (弱減衰) のとき,$Z(s)$ は 2 次の因子を含むから,ヘビサイドの展開定理の方法 (3) により

$$y(t) = (1/k)[1 - e^{-\beta\omega_0 t}\{\cos{(\sqrt{1-\beta^2}\,\omega_0 t)} + (\beta/\sqrt{1-\beta^2})\sin{(\sqrt{1-\beta^2}\,\omega_0 t)}\}]$$

となり,時間とともに振動しながら一定値 $1/k$ に近づく.なお,$\beta = 0$ の場合

のみいつまでも振動を続けることがわかる.

(ii) $\beta^2 = 1$ (臨界減衰) のとき, $Z(s)^{-1} = m(s+\omega_0)^2$ となるから. ヘビサイドの展開定理の方法 (2) により

$$y(t) = (1/k)[1 - e^{-\omega_0 t}(1 + \omega_0 t)]$$

となり, 時間とともに単調増加して一定値 $1/k$ に近づく.

(iii) $\beta^2 > 1$ (強減衰) のとき, $Z(s)^{-1} = m[s+\omega_0(\beta-\sqrt{\beta^2-1})][s+\omega_0(\beta+\sqrt{\beta^2-1})]$ であるから, ヘビサイドの展開定理の方法 (1) により

$$y(t) = (1/k)[1-e^{-\beta\omega_0 t}\{\cosh(\sqrt{\beta^2-1}\,\omega_0 t)+(\beta/\sqrt{\beta^2-1})\sinh(\sqrt{\beta^2-1}\,\omega_0 t\}]$$

となり, 時間とともに単調増加して一定値 $1/k$ に近づく. 変化のようすは (ii) と同様であるが, 関数形が異なる.

図 2.25 に, いくつかの β の値に対する $ky(t)$ の時間変化を示す. $\beta^2 < 1$ ($\beta \neq 0$) では振動しながら $1/k$ に近づくが, $\beta^2 \geq 1$ では単調に増加しながら近づくことが示されている.

さて, 上記の 2 例において, 式 (2.149), あるいは式 (2.153) に現れた関数 $Z(s)$ は, 系の性質だけで決まる量であり, 入力の形などに依存しない. これを**伝達関数**と呼んでいる. 初期条件が 0 であるような一般の系において, $Z(s)$ が既知であるとすれば, 任意の入力 $f(t)$ に対する出力 $y(t)$ のラプラス変換は, 式 (2.149), (2.153) に示されているように,

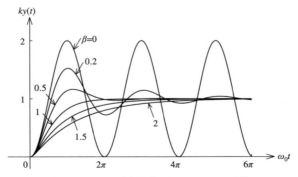

図 **2.25** ばね, 減衰器系のインディシアル応答

2.4 ラプラス変換の応用   127

伝達関数

$$\mathcal{L}\{y(t)\} = \mathcal{L}\{f(t)\}Z(s) \tag{2.155}$$

と表せる.

入力 (外力) $f(t)$ が単位階段関数 $U(t)$ のとき, その出力を $A(t)$ は $\mathcal{L}\{A(t)\} = Z(s)/s$ で与えられる. したがって, 系の伝達関数 $Z(s)$ は, 出力 $A(t)$ によって

インディシアル応答

$$Z(s) = s\mathcal{L}\{A(t)\} \tag{2.156}$$

で与えられる. この $A(t)$ をインディシアル応答と呼ぶ. 式 (2.155), (2.156) から

$$\mathcal{L}\{y(t)\} = s\mathcal{L}\{A(t)\}\mathcal{L}\{f(t)\}$$

であるから, 公式 〔8〕 と 〔12a〕 を利用すると, 出力 $y(t)$ は

$$y(t) = \frac{d}{dt}\int_0^t A(x)f(t-t')dt' = \frac{d}{dt}\int_0^t A(t-t')f(t')dt'$$

$$= A(t)f(0) + \int_0^t A(t')f'(t-t')dt' = A(0)f(t) + \int_0^t A'(t-t')f(t')dt'$$

$A(t)$ の初期条件 $A(0) = 0$ とし, $t - t' = x$ とおくと

デュアメルの公式 1

$$y(t) = A(t)f(0) + \int_0^t A(t-x)f'(x)dx = \int_0^t A'(x)f(t-x)dx \tag{2.157}$$

が得られる.

次に, 入力が衝撃的な関数, すなわちデルタ関数 $\delta(t)$ で表される場合を考えよう. $f(t) = \delta(t)$ とおくが, 厳密には $f(t) = \lim_{\epsilon \to +0} \delta(t - \epsilon)$ と考える. このとき, このデルタ関数 $\delta(t)$ のラプラス変換を次のように定義する.

$$\mathcal{L}\{\delta(t)\} = \lim_{\epsilon \to +0}\int_{-\infty}^{\infty} \delta(t-\epsilon)U(t)e^{-st}dt \tag{2.158}$$

式 (2.97) を考慮すると

$$\mathcal{L}\{\delta(t)\} = \lim_{\epsilon \to +0} \int_0^\infty \delta(t-\epsilon)e^{-st}dt = \lim_{\epsilon \to +0} e^{-s\epsilon} = 1$$

となる.

このときの出力をインパルス応答と呼び $W(t)$ で表せば，式 (2.155) により $\mathcal{L}\{W(t)\} = Z(s)$. したがって，伝達関数 $Z(s)$ はインパルス応答のラプラス変換に等しく，

インパルス応答

$$Z(s) = \mathcal{L}\{W(t)\} \tag{2.159}$$

となる. 任意の入力 $f(t)$ に対する出力は

デュアメルの公式 2

$$y(t) = \int_0^t W(x)f(t-x)dx = \int_0^t W(t-x)f(x)dx \tag{2.160}$$

で与えられる. 式 (2.157)，および式 (2.160) をデュアメルの公式という.

例題 10 図 2.26 で示されているように，$x=0$ と $x=l$ で両端を支持された一定断面の弾性梁が，単位長さ W_0 の一様な荷重を受けるとする. このとき，梁のたわみ $y(x)$ を求めよ. ただし，梁のヤング率を E，断面 2 次モーメントを I とする.

解答 材料力学において示されるように，荷重分布が $w(x)$ のとき，梁のたわみは次式を満足する.

$$y^{(4)}(x) = w(x)/(EI) \tag{2.161}$$

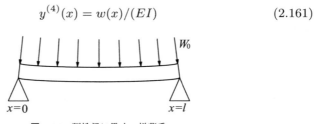

図 **2.26** 弾性梁に働く一様荷重

また，支持点での境界条件は

$$y(0) = y''(0) = y(l) = y''(l) = 0 \tag{2.162}$$

である．さて，$x = l$ における境界条件のかわりに，$y'(0) = C_1$，$y^{(3)}(0) = C_2$ とおき，$w(x) = w_0[U(x) - U(x-l)]$ として，式 (2.161) の x についてのラプラス変換をとれば，

$$\mathcal{L}\{y(x)\} = \frac{C_1}{s^2} + \frac{C_2}{s^4} + \frac{w_0}{EI}\left(\frac{1}{s^5} - \frac{1}{s^5}e^{-sl}\right)$$

が得られる．したがって，公式〔VIII〕，〔7a〕を利用すれば，逆変換は

$$y(x) = C_1 x + C_2 x^3/6 + w_0[x^4 - (x-l)^4 U(x-l)]/(24EI)$$

となる．この問題については，$0 \leq x \leq l$ の範囲で考えているから，最後の $U(x-l)$ を含む項は必要ない．$x = l$ での境界条件 (2.162) を適用すれば，C_1，C_2 が求められ，以下のような解が求められる．

$$y(x) = \frac{w_0}{24EI}\left[\frac{5}{4}l^2 - \left(x - \frac{l}{2}\right)^2\right]\left[\frac{l^2}{4} - \left(x - \frac{l}{2}\right)^2\right] \qquad (0 \leq x \leq l)$$

2.4.3　逆ラプラス変換積分公式

前項までは，t の簡単な関数に対し，そのラプラス変換と逆変換の対応表をつくり，それをもとにしてラプラス変換に関するいろいろな議論を行ってきた．この項では，一般的な関数に対して，その逆ラプラス変換を求める方法について述べることにする．

2.2 節 (式 (2.93)〜(2.98)) で示されたように，$f(t)U(t)$ に対するフーリエ積分の公式では

$$\widehat{g}(\omega) = \frac{1}{\sqrt{2\pi}}\int_{-\infty}^{\infty} f(t)U(t)e^{-i\omega t}dt = \frac{1}{\sqrt{2\pi}}\int_{0}^{\infty} f(t)e^{-i\omega t}dt \tag{2.163}$$

$$f(t) = \frac{1}{\sqrt{2\pi}}\int_{-\infty}^{\infty} \widehat{g}(\omega)e^{i\omega t}d\omega \tag{2.164}$$

が成立する．ここで $i\omega \to s$，$\widehat{g}(\omega) \to \dfrac{1}{\sqrt{2\pi}}\widehat{g}_L(s)$ と置き換えると

$$\widehat{g}_L(s) = \int_{0}^{\infty} f(t)e^{-st}dt \tag{2.165}$$

$$f(t) = \frac{1}{2\pi i} \int_{-i\infty}^{i\infty} \widehat{g}_L(s) e^{st} ds \qquad (2.166)$$

となり，ラプラス変換とその逆変換を与えることが示される．しかし式 (2.163)，すなわち式 (2.165) が成立するのは

$$\int_0^\infty |f(t)| \, dt < +\infty$$

の場合に限られるため，一般にラプラス変換可能な関数 $f(t)$ に対して逆ラプラス変換積分公式を得るには少し修正を加える必要がある．σ を収束座標 α_0 よりも大きな実数とすると

$$\int_0^\infty e^{-\sigma t} |f(t)| \, dt < +\infty$$

が成立するので，$e^{-\sigma t} f(t)$ を式 (2.165)，(2.166) へ代入すると

$$\widetilde{g}_L(s+\sigma) = \int_0^\infty f(t) e^{-\sigma t} e^{-st} dt$$

$$e^{-\sigma t} f(t) = \frac{1}{2\pi i} \int_{-i\infty}^{i\infty} \widetilde{g}_L(s+\sigma) e^{ist} ds$$

となる．$s+\sigma$ を s，$\widetilde{g}_L(s+\sigma)$ を $F(s)$ と置き換えると

逆ラプラス変換積分公式

$$F(s) = \frac{1}{2\pi} \int_0^\infty f(t) e^{-st} dt \qquad (2.167)$$

$$f(t) = \frac{1}{2\pi i} \int_{\sigma-i\infty}^{\sigma+i\infty} F(s) e^{st} ds \qquad (2.168)$$

が得られる．式 (2.168) は，変換された関数 $F(s)$ から，もとの関数 $f(t)$ を生ずる公式で，逆ラプラス変換積分公式と呼ばれる．式 (2.168) の積分は，複素平面上において，実部が σ であり，虚軸に平行な直線に沿って行われる．なお，式 (2.167) からわかるように $F(s)$ は $\mathrm{Re}\, s \geq \sigma > \alpha_0$ に対して常に存在し，解析的である．ここで，α_0 は逆変換された関数 $f(t)$ の収束座標である．

$F(s)$ が与えられ，公式 (2.168) によって $f(t)$ を求めようとするとき，α_0 は既知ではない．このとき，どのような σ，つまり積分経路をとったらよいので

あろうか．これについては，複素逆変換積分における積分経路は，$F(s)$ のすべ
ての特異点が，その左側にくるようにとればよいという事実が知られている．

次に，導関数 $f'(x)$ のフーリエ変換と，ラプラス変換の相違点について説明
する．フーリエ変換の公式では

$$\mathcal{F}\left\{f'(x)\right\} = i\omega\mathcal{F}\left\{f(x)\right\}$$

となる．一方，ラプラス変換では

$$\mathcal{L}\left\{f'(t)\right\} = s\mathcal{L}\left\{f(t)\right\} - f(0)$$

であった．この違いは，以下のような原因から生じる．2.3.4 項の最後での説
明からわかるように，ラプラス変換は，本質的には $f(x)U(x)$ のフーリエ変
換である．したがって，$f'(x)$ のラプラス変換は，$f'(x)U(x) = f'(x)U(x) +$
$f(x)U'(x) - f(x)U'(x) = (f(x)U(x))' - f(x)\delta(x)$ のフーリエ変換と同じであ
る．デルタ関数の性質により

$$\mathcal{F}\left\{f(x)\delta(x)\right\} = \frac{1}{\sqrt{2\pi}}\int_{-\infty}^{\infty} f(x)\delta(x)\,dx = \frac{1}{\sqrt{2\pi}}f(0)$$

となるため，これに対応する項が，ラプラス変換で現れるのである．

2.4.4 逆ラプラス変換積分公式と留数の定理

逆ラプラス変換積分公式 (2.168) を計算するのに，1.3 節で学んだ留数の理論
が役立つ．まず，以下の定理が成り立つ．

定理 1 $s = \sigma$ を通り虚軸に平行な直線の左側で，$F(s)$ は，有限個の極以外で
は解析的であり，$Re(s) \leq \sigma$ の半平面で $|s|$ が無限大に近づくとき，$|F(s)| \to 0$
であるならば

┌─ 逆ラプラス変換積分と留数の定理 ─────────────────

$$f(t) = \frac{1}{2\pi i}\int_{\sigma-i\infty}^{\sigma+i\infty} e^{st}F(s)ds = e^{st}F(s) \text{ の各極における留数の和}$$

$$(2.169)$$

└─────────────────────────────────────

証明 図 2.27 に示されたように，$s = \sigma$ の点 O′ を中心に半径 R の円弧 BCA
と，O′ を通り虚軸に平行な直線 AB で囲まれた半円領域に留数の定理を適用

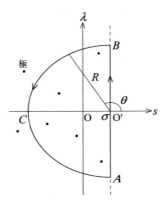

図 2.27 逆ラプラス変換積分路

すれば

$$\frac{1}{2\pi i}\int_{\sigma-iR}^{\sigma+iR} e^{st}F(s)ds + \frac{1}{2\pi i}\int_{BCA} e^{st}F(s)ds$$
$$= e^{st}F(s) \text{ の半円内の各極における留数の和} \quad (2.170)$$

となる．$R \to \infty$ のときの，円弧 BCA に沿う積分の値を計算しよう．BCA 上では $s = \sigma + Re^{i\theta}$ であるから $ds = iRe^{i\theta}d\theta \left(\frac{\pi}{2} \leq \theta \leq \frac{3}{2}\pi\right)$．したがって

$$|e^{st}| = |e^{\sigma t + Rt(\cos\theta + i\sin\theta)}| = e^{\sigma t}|e^{Rt\cos\theta}|, \quad |ds| = Rd\theta$$

また，$|F(s)| < \varepsilon \ (R \to \infty)$ であるから

$$I = \left|\frac{1}{2\pi i}\int_{BCA} e^{st}F(s)ds\right| \leq \frac{1}{2\pi}\int_{BCA} |e^{st}||F(s)||ds|$$
$$= \frac{1}{2\pi}e^{\sigma t}R \int_{\frac{\pi}{2}}^{\frac{3}{2}\pi} e^{Rt\cos\theta}|F(s)|d\theta$$

ここで，$\theta = \pi/2 + \varphi$ とおけば $\cos\theta = \cos(\pi/2 + \varphi) = -\sin\varphi$．さらに，$\sin\varphi \geq \varphi/2 \ (0 \leq \varphi \leq \pi/2)$ を考慮すれば，$R \to \infty$ のとき

$$I < \frac{2\varepsilon}{2\pi}e^{\sigma t}R\int_0^{\frac{\pi}{2}} e^{-Rt\sin\varphi}d\varphi < \frac{\varepsilon}{\pi}e^{\sigma t}R\int_0^{\frac{\pi}{2}} e^{-Rt\varphi/2}d\varphi\lambda$$
$$= \frac{2\varepsilon}{\pi}e^{\sigma t}\frac{1}{t}\left[-e^{-Rt\varphi/2}\right]_0^{\frac{\pi}{2}} = \frac{2\varepsilon}{\pi}e^{\sigma t}\frac{1}{t}(1 - e^{-\pi Rt/4}) \to 0 \ (R \to \infty)$$

したがって，$R \to \infty$ のとき，式 (2.170) の左辺第 2 項は 0 となるから，式

(2.169) が成立する.

例題 11 $F(s) = 1/(s - a)$ のとき $\mathcal{L}^{-1}\{F(s)\}$ を求めよ.

解答 $F(s)$ は $s = a$ において 1 位の極をもつ. また, $s \to \infty$ のとき $F(s) \to 0$ であり, したがって, 定理 1 の条件を満足する. $s = a$ において $e^{st}F(s)$ の留数は e^{at} であるから $\mathcal{L}^{-1}\{1/(s - a)\} = e^{at}$. これは, 公式〔II〕に一致している.

問 3 $F(s) = 1/(s + 4a)$ のとき $\mathcal{L}^{-1}\{F(s)\}$ を求めよ.

例題 12 $F(s) = \dfrac{s}{(s + a)(s^2 + \omega^2)}$ のとき $\mathcal{L}^{-1}\{F(s)\}$ を求めよ.

解答 $F(s)$ は $s = -a$, $s = \pm i\omega$ に 1 位の極をもち, $s \to \infty$ のとき $F(s) \to 0$ となる. 各極での $e^{st}F(s)$ の留数を計算すれば

$s = -a$ での留数：$[-a/(s^2 + \omega^2)]e^{-at}$

$s = i\omega$ での留数：$[i\omega/(a + i\omega)(-2i\omega)]e^{i\omega t} = (a - i\omega)e^{i\omega t}/[2(a^2 + \omega^2)]$

$s = -i\omega$ での留数：$[-i\omega/(a - i\omega)(-2i\omega)]e^{-i\omega t} = (a + i\omega)e^{-i\omega t}/[2(a^2 + \omega^2)]$

$$\therefore \ \mathcal{L}^{-1}\{F(s)\} = -\frac{a}{a^2 + \omega^2}e^{-at} + \frac{1}{2(a^2 + \omega^2)}[(a - i\omega)e^{i\omega t} + (a + i\omega)e^{-i\omega t}]$$

$$= \frac{1}{a^2 + \omega^2}(-ae^{-at} + a\cos\omega t + \omega\sin\omega t)$$

練習問題 2.4

1. 次の微分方程式を解け.

1) $y^{(4)} + 3y'' - 4y = 0$, $\quad y(0) = y'(0) = y''(0) = 0$, $\quad y^{(3)}(0) = 1$

2) $y^{(3)} + 2y'' - 5y' - 6y = 2t$, $\quad y(0) = 0$, $\quad y'(0) = y''(0) = 1$

3) $y^{(5)} - y^{(4)} - y' + y = 0$, $y(0) = y'(0) = y''(0) = y^{(3)}(0) = 0$, $y^{(4)}(0) = 3$

4) $y'' - 5y' + 4y = e^t\sin t$, $\quad y(0) = 0$, $\quad y'(0) = 2$

5) $y'' + y = f(t)$, $\quad f(t) = \begin{cases} 1 & (1 < t < 2) \\ 0 & (それ以外) \end{cases}$ $\quad y(0) = y'(0) = 0$

6) $y'' + y + 2\displaystyle\int_0^t y(\tau)d\tau = 0$, $\quad y(0) = 1$, $\quad y'(0) = 0$

2. 次の微分方程式を解け.

1) $y'' - 2y' + 2y = 2e^t\cos t$, $\quad y(0) = 0$, $\quad y(\pi/2) = e^{\pi/2}$

134　　2　フーリエ–ラプラス解析

2)　$y^{(3)} - 2y'' + y' - 2y = 0,$　$y(0) = 1,$　$y'(0) = 0,$　$y(\pi) = e^{2\pi}$

3)　$y'' + 2y' + 2y = f(t),$　$y(0) = y'(0) = 0$

　　$f(t)$ は，1 周期が次のような周期関数　$f(t) = \begin{cases} 1 & (0 < t < \pi) \\ -1 & (\pi < t < 2\pi) \end{cases}$

4)　$y'' + k^2 y = 0,$　$y(0) = y(1) = 0,$　k は定数．

3. 次の連立微分方程式を解け．

1)　$\begin{cases} x' + y' = e^t \\ y' - 4x = 4 \end{cases}$
　　$x(0) = 2,$　$y(0) = 1$

2)　$\begin{cases} x' + y' + x - 2y = e^t \\ 3x' + 2x - 4y = \cos t \end{cases}$
　　$x(0) = y(0) = 0$

3)　$\begin{cases} y'' - 2y' + 2z' + y = 0 \\ 2y' - 4y - z' + 2z = \cos t \end{cases}$
　　$y(0) = 0,\ y'(0) = 1,\ z(0) = 0$

4)　$\begin{cases} x' = y - z \\ y' = x + y \\ z' = x + z \end{cases}$
　　$x(0) = 1,\ y(0) = 2,\ z(0) = 0.$

4. 伝達関数 $Z(s)$ が次のように与えられる系に対して，そのインディシアル応答 $A(t)$ を求めよ．また，入力 $f(t)$ が次のように与えられるとき，出力はどうなるか．

$$Z(s) = \frac{1}{m^2 s^2 - 2ms + 1} \qquad f(t) = \begin{cases} 1 & (0 < t < 1) \\ 0 & (それ以外) \end{cases}$$

5. 例題 10 において，単位長さあたり $(l/a)w_0$ の荷重が，$x = x_0$ と $x_0 + a$ の間に働いているとする．このときのたわみ $y(x)$ を求めよ．全荷重は lw_0 であり，a によらないことに注意せよ．また，$a \to 0$ の極限におけるたわみはどう表されるか（このときの荷重を集中荷重という）．

6. 図 2.28 で示されたような，抵抗 (R)，コンデンサ（容量 C），コイル（インダクタンス L），電池 (E_0) からなる回路を考える．コンデンサの電荷は，最初 0 であったとする．$t = 0$ で，スイッチ S_W を閉じたとき，回路に流れる電流の変化を求めよ．ただし，$4L > R^2 C$ とする．

7. $F(s) = 1/(s^4 + a^4)$ の逆ラプラス変換を留数の定理によって求めよ．

8. 逆ラプラス変換積分公式 (2.168) によって $f(t)$ を求めるとき，$t < 0$ なら $f(t) = 0$ となることを示せ．

9. 逆ラプラス変換積分公式 (2.168) によって $\mathcal{L}^{-1}\left\{e^{-a\sqrt{s}}\right\}$ を求めると，$a/(2\sqrt{\pi}t^{3/2})e^{-\frac{a^2}{4t}}$ となることを示せ．

10. 伝達関数 $Z(s)$ をもつシステムに，周期関数の入力 $f(t)$ を加える．もし $Z(s)$ の特異点があればそれはすべて極で s 平面の左半面 $\mathrm{Re}\, s < 0$ にあるとすると，出力 $y(t)$ は $t \to \infty$ で有界となることを示せ．これからシステムの安定性は伝達関数の特異点の位置で判定できることがわかる．

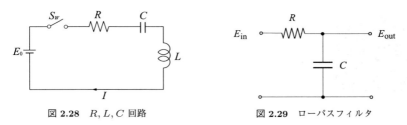

図 2.28　R, L, C 回路　　　　図 2.29　ローパスフィルタ

11. 図 2.29 に示す，ローパスフィルタの伝達関数を求めよ．ただし，入力は E_{in}，出力は E_{out} とする．なお，抵抗とコンデンサを入れ替えると，ハイパスフィルタとなる．

3

ベクトル解析

　この章ではベクトル解析について学ぶ．この章の目的は，読者が現在あるいは将来直面する工学的な課題において，自在にベクトルを使った演算によってこれを解決し，その物理的なイメージを理解できるようにすることにある．一般にベクトル解析は，2 次元，3 次元，またそれ以上の次元を扱うことが可能な学問である．しかし，工学的な問題においては，われわれが住んでいるこの 3 次元空間に話を限定しても問題なかろう．そこで本章では 3 次元空間におけるベクトル解析に話を限定したいと思う．

　ベクトル解析は第 1 章で説明した複素数と非常に深い関係にある．*"History of Vector Analysis"*（M.J. Crowe, 1967）によれば，ベクトル解析の起源は，アルガン（J.R. Argand）やガウス（C.F. Gauss）が複素数を平面上の点として幾何学的に解釈し，これを 3 次元空間への解析に拡張したいと願ったハミルトン（W.R. Hamilton）が 4 元数（quaternion）を発見したことに端を発している．4 元数は以下のように表される．

$$Q = a + xi + yj + zk$$

ここで a, x, y, z は実数で，i, j, k はそれぞれ独立な虚数である．また，$ij = k$, $jk = i$, $ki = j$, $ij = -ji$, $jk = -kj$, $ki = -ik$, $ii = -1$, $jj = -1$, $kk = -1$ の関係が成り立つとする．ハミルトンはこの 4 元数の実部 $\mathrm{Re}\,Q = a$ をスカラー，虚部 $\mathrm{Im}\,Q = xi + yj + zk$ をベクトルと呼んだ．2 つの 4 元数 $R_1 = xi + yj + zk$ と $R_2 = x'i + y'j + z'k$ の積を考えると，$R_1 R_2 = -(xx' + yy' + zz') + (yz' - zy')i + (zx' - xz')j + (xy' - yx')k$ となる．ただしここでは，4 元数に関しても通常の複素数と同様に積に関する分配

法則が成り立つものとしている．この 4 元数の積の実部と虚部が 3.2 節で述べるベクトルの内積と外積に相当する点は非常に興味深い．

　この章では，力や速度といった，ベクトルと呼ばれる量に関して，その和差・積といった代数，微分，積分の基礎について述べる．ベクトル解析において定義される，たとえば内積，外積，勾配，発散，回転などは，それぞれ仕事，電磁力，等圧面，湧き出し，渦などのような工学や物理学上の現象と密接に関連したものであることから，親しみやすく興味をもって学ぶことができると思われる．本章では，例などにおいて，流体力学の問題をとりあげ，直観的に把握しやすい説明を加えることにより，内容を理解しやすくするとともに，実際的な問題において，ベクトル解析がどのように利用されているかがわかるようにしている．本章では，その基本的な事柄といくつかの応用について述べる．

3.1　ベ ク ト ル

3.1.1　スカラーとベクトル

　工学において扱う量には，温度や長さ，質量といった「大きさ」だけで決まる量と，力や位置，速度といった，その「大きさ」に加えて，「向き」を指定しなければならない量がある．前者のような「大きさ」だけで特徴づけられる物理量をスカラーと呼ぶ．また後者のような「大きさ」に加えて，「向き」を 1 つ指定しなければならない物理量をベクトルと呼ぶ．スカラーを表現するには，その大きさを示す「1 つの数」が必要である．他方，ベクトルを表現するには，大きさと向きを示す 2 次元なら「2 つの数」，3 次元なら「3 つの数」が必要である．

　スカラーの語源はラテン語で「はしご」を意味する "scalaris" に由来し，ハミルトンが 4 元数の実部を，「1 つのスケール上に含まれるマイナス無限大からプラス無限大までのすべての数値」と表現したことに始まる．他方，ベクトルの語源も同じくラテン語で「運ぶ」を意味する "vehere" に由来し，ハミルトンが 4 元数の虚部を，「長さと向きをもった直線，あるいは動径ベクトル」と表現したことに始まる．

　ベクトルを表現するには，通常 A のように太文字（ボールド・イタリック体）を使用する．ベクトルは大きさと向きをもつ量であるから，図 3.1 に示す

図 3.1 ベクトル

ように矢印を用いて図示する．このとき矢印の向きが，そのベクトルが示す物理量の向きに，また矢印の長さが，そのベクトルが示す物理量の大きさにあたる．ベクトルは「大きさ」と「向き」で特徴づけられる量なので，ベクトルの始点が異なり，大きさと向きが同じベクトル，つまり平行移動すれば重なるようなベクトルは「互いに等しい」．

スカラーを表現するには，通常 A のように細文字（イタリック体）を使用する．スカラーは大きさのみをもつ量であるから，ベクトルの長さ（大きさ）を絶対値を使って取り出すことで，

$$A = |\boldsymbol{A}| \tag{3.1}$$

のようにベクトルと関係づけられる．

3.1.2 ベクトルとスカラーの積

スカラー a とベクトル $\boldsymbol{A}$ の積は，図 3.2 に示すように，$a > 0$ の場合，ベクトル $\boldsymbol{A}$ を「その方向」に a 倍したベクトルとして定義される．また $a < 0$ の場合，ベクトル $\boldsymbol{A}$ をその「逆方向」に $|a|$ 倍したベクトルとして定義される．つまり，スカラーをベクトルにかけることは幾何学的にはベクトルの伸縮と反転を

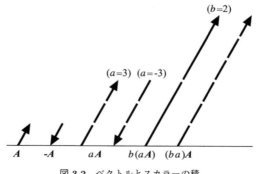

図 3.2 ベクトルとスカラーの積

意味している．とくに $a = -1$ の場合，$-1\boldsymbol{A} = -\boldsymbol{A}$ となり，ベクトル $-\boldsymbol{A}$ はその大きさが $\boldsymbol{A}$ と同じで向きが逆となるため，逆ベクトルと呼ばれる．$a = 0$ の場合，$0\boldsymbol{A} = 0$ となり，これをゼロベクトルとして定義する．ゼロベクトルは「大きさ」と「向き」をともにもたないベクトルである．また大きさが 1 のベクトルを単位ベクトルと呼び，ベクトル $\boldsymbol{A}$ から

$$\widehat{\boldsymbol{A}} = \boldsymbol{A}/|\boldsymbol{A}| \tag{3.2}$$

のように得られる．なお本書では，^をベクトルの上につけて単位ベクトルを表すことがある．

スカラー a, b とベクトル $\boldsymbol{A}$ の積では

$$a(b\boldsymbol{A}) = (ab)\boldsymbol{A} \tag{3.3}$$

が成り立つ．これをベクトルとスカラーの積に対する結合法則と呼ぶ．結局これはスカラーをベクトルにかけるときは，その順序を気にする必要がないことを意味している．

3.1.3 ベクトルの和差

2 つのベクトル $\boldsymbol{A}$ と $\boldsymbol{B}$ の和は，図 3.3 に示すようにベクトル $\boldsymbol{A}$ の終点からベクトル $\boldsymbol{B}$ を書き，$\boldsymbol{A}$ の始点から $\boldsymbol{B}$ の終点を結んでできるベクトルとして定義される．したがって，

$$\boldsymbol{A} + \boldsymbol{B} = \boldsymbol{B} + \boldsymbol{A} \tag{3.4}$$

が幾何学的に成り立つ．これをベクトルの和に対する**交換法則**と呼ぶ．

また 3 つのベクトルの和に対しては，図 3.4 に示すように，

$$(\boldsymbol{A} + \boldsymbol{B}) + \boldsymbol{C} = \boldsymbol{A} + (\boldsymbol{B} + \boldsymbol{C}) \tag{3.5}$$

が幾何学的に成り立つ．これをベクトルの和に対する**結合法則**と呼ぶ．

2 つのベクトル $\boldsymbol{A}$ と $\boldsymbol{B}$ の差は，図 3.5 に示すようにベクトル $\boldsymbol{A}$ と逆ベクトル $-\boldsymbol{B}$ の和として定義する．すなわち

$$\boldsymbol{A} - \boldsymbol{B} = \boldsymbol{A} + (-\boldsymbol{B}) \tag{3.6}$$

となる．

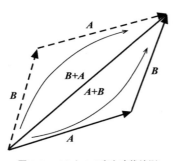
図 3.3 ベクトルの和と交換法則

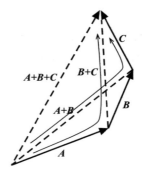
図 3.4 ベクトルの和の結合法則

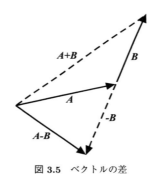
図 3.5 ベクトルの差

これらベクトル $\boldsymbol{A}, \boldsymbol{B}$ の和差とスカラー a, b の積に関しては,

$$a(\boldsymbol{A}+\boldsymbol{B}) = a\boldsymbol{A} + a\boldsymbol{B} \tag{3.7}$$

$$(a+b)\boldsymbol{A} = a\boldsymbol{A} + b\boldsymbol{A} \tag{3.8}$$

が成り立つ. これらを分配法則と呼ぶ.

3.1.4 座標系と基底ベクトル

ベクトルはこれまでみてきたように矢印として図示できる. そして, ベクトルの代数演算には矢印の伸張や繋ぎ合わせといった幾何学的な意味が与えられ, 作図により計算が可能であることを学んだ. しかしながら, このように作図による方法は, 微分や積分といった工学や物理学に必須な演算には適さない. そこでここでは空間の基準となる座標を導入し, ベクトルの成分表記を行う. 座

標とは空間の特定の位置を指し示す数字の組で，地図でいう緯度と経度にあたる．3次元空間なら3個の実数の組，2次元空間なら2つの実数の組となる．つまり，3次元では3個のパラメータ，2次元では2個のパラメータの組で表現される．この座標に基準となる原点や座標軸を加え，**座標系**と呼ぶ．読者が最もなじみが深い座標系としては，x, y, z で空間の位置を指定する**直交座標系**であろう．また基準点 (原点) からの動径 r と基準軸からの偏角 θ を用いた**平面極座標系**なども有名である．

座標系の選び方は「任意」である．好きに選んでよい．図 3.6 左に示すような直交座標系を用いてもよいし，図中央に示すような基準軸をベクトル $\boldsymbol{A}$ に沿うようにとることもできる．また直交座標系ではなく，図 3.6 右に示すような**斜交座標系**を選んでもよい．これら座標軸の方向を指し示すベクトルの組を**基底ベクトル**と呼ぶ．正確には，3.3 節で説明される曲線の単位接線ベクトルの組が基底ベクトルとなる．直交座標系とは，空間の各点で3個の基底ベクトル (3次元)，または2個の基底ベクトル (2次元) が互いに直交するような座標系をいう．

座標を導入することにより，図 3.6 左に示すような始点 P から終点 Q に伸びるベクトル $\boldsymbol{A}$ を，P_i, Q_i ($i = 1, 2, 3$) を点 P，Q の座標値として

$$\boldsymbol{A} = \begin{pmatrix} A_1 \\ A_2 \\ A_3 \end{pmatrix} = \begin{pmatrix} Q_1 - P_1 \\ Q_2 - P_2 \\ Q_3 - P_3 \end{pmatrix} \tag{3.9}$$

のように成分で表記できるようになる．なお下付き文字 (1, 2, 3) は，3次元空間座標の各成分を表している．上で説明した直交 x–y–z 座標系をデカルト

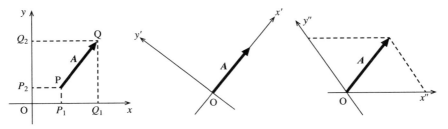

図 **3.6** ベクトルと座標系

座標系と呼ぶ. それ以外の直交座標系としては, 2次元の**平面極座標系** (練習問題 3.1 の 3. 参照), 3次元の**円柱座標系** (極座標系の平面に垂直に z 座標を追加したもの) や**球座標系** (練習問題 3.1 の 4. 参照) があり, これらでは空間の座標が変化すると, 基底ベクトルの向きが変化する.

デカルト座標系において x, y, z 軸に沿った大きさ 1 の単位ベクトル $\boldsymbol{i}, \boldsymbol{j}, \boldsymbol{k}$ を導入すると, 図 3.7 に示すようにベクトル $\boldsymbol{A}$ はベクトルの和算により,

$$\boldsymbol{A} = A_1 \boldsymbol{i} + A_2 \boldsymbol{j} + A_3 \boldsymbol{k} \tag{3.10}$$

と書ける. $\boldsymbol{i}, \boldsymbol{j}, \boldsymbol{k}$ は成分表記すると

$$\boldsymbol{i} = \begin{pmatrix} 1 \\ 0 \\ 0 \end{pmatrix}, \quad \boldsymbol{j} = \begin{pmatrix} 0 \\ 1 \\ 0 \end{pmatrix}, \quad \boldsymbol{k} = \begin{pmatrix} 0 \\ 0 \\ 1 \end{pmatrix}$$

となる. この $\boldsymbol{i}, \boldsymbol{j}, \boldsymbol{k}$ のような座標軸の向きを示すベクトルは, 先ほどの定義から基底ベクトルである. 基底ベクトルは空間に固定されたベクトルではなく, あくまで座標軸の向きを示すベクトルである. そのため, 2次元デカルト座標系では図 3.8 に示すように, 場所によって基底ベクトルの向きが変化することはない. しかしながら, 平面極座標系では図に示すように基底ベクトルはその位置によって向きを変える (練習問題 3.1 の 3. 参照). このような基底ベクトルの向きの変化は, ベクトルの微分を考えるときに重要となる.

成分表記されたベクトル $\boldsymbol{A} = A_1 \boldsymbol{i} + A_2 \boldsymbol{j} + A_3 \boldsymbol{k}$ の大きさは, ピタゴラスの

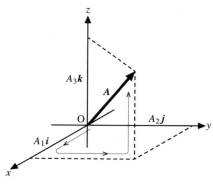

図 **3.7** ベクトルの成分

3.1 ベクトル

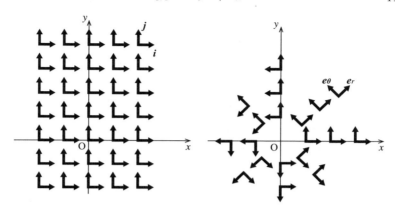

図 3.8 基底ベクトルの向きの変化．基底ベクトルは直交する 2 本の太矢印で示されている．

定理を使い，
$$A = |\boldsymbol{A}| = \sqrt{A_1^2 + A_2^2 + A_3^2} \tag{3.11}$$
と書ける．またスカラー a との積，ベクトル $\boldsymbol{B}(= B_1\boldsymbol{i} + B_2\boldsymbol{j} + B_3\boldsymbol{k})$ との和差は，その定義により，
$$a\boldsymbol{A} = aA_1\boldsymbol{i} + aA_2\boldsymbol{j} + aA_3\boldsymbol{k} \tag{3.12}$$
$$\boldsymbol{A} \pm \boldsymbol{B} = (A_1 \pm B_1)\boldsymbol{i} + (A_2 \pm B_2)\boldsymbol{j} + (A_3 \pm B_3)\boldsymbol{k} \tag{3.13}$$
と書ける（図 3.9 参照）．

ここで強調しておきたいのは，「ベクトルの成分の値」は座標系に依存するが，「ベクトル自身」は座標系によらず不変な量であるという点である．3.1.1 項で述べたように，ベクトルは速度や力といった物理量の数学モデルである．

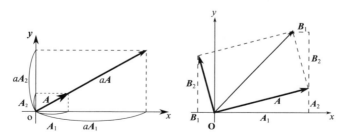

図 3.9 成分表記したベクトルの加法と乗法

物理量はそれを測る基準を変えれば，見かけ上の数字が変化するが，絶対的な値は変化しない．たとえば，温度では摂氏で表記するか，華氏で表記するかによって，見かけ上，その値が変化する．また長さに関しても同様で，メートル法を使うかヤード・ポンド法を使うかで，見かけ上，その値が変化する．しかしながら，だからといって対象物の絶対温度や長さが実際に変化するわけではない．ベクトルも同様で，その「大きさ」はそれを測るスケールに依存し，その「向き」も基準とする座標軸の向きに依存する．しかしながら，ベクトルそれ自身が基準とするものによって変化するわけではない．

具体的な例として，2次元直交座標系の回転に伴うベクトル成分の変化に関して調べてみよう．元の座標系として図 3.10 の破線で示された x–y 座標を考える．ベクトル $\boldsymbol{A}$ はこの座標系において，$\boldsymbol{A} = A_1 \boldsymbol{i} + A_2 \boldsymbol{j}$ と表される．ここで新たにもとの座標系が θ 回転した x'–y' 座標系（実線）を導入する．この新しい座標系におけるベクトル $\boldsymbol{A}$ の成分を考える．図より幾何学的に

$$A'_1 \cos\theta = A_1 + A'_2 \sin\theta$$

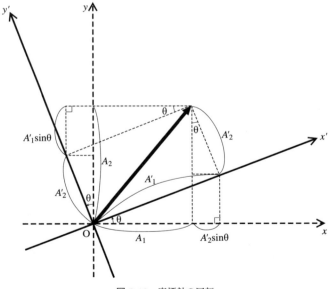

図 3.10　座標軸の回転

$$A_2 = A_2' \cos\theta + A_1' \sin\theta$$

が成り立つ. したがって,

$$\begin{pmatrix} A_1 \\ A_2 \end{pmatrix} = \boldsymbol{R} \begin{pmatrix} A_1' \\ A_2' \end{pmatrix}, \quad \boldsymbol{R} = \begin{pmatrix} \cos\theta & -\sin\theta \\ \sin\theta & \cos\theta \end{pmatrix}$$

となる. 両辺から $\boldsymbol{R}$ の逆行列である

$$\boldsymbol{R}^{-1} = \begin{pmatrix} \cos\theta & \sin\theta \\ -\sin\theta & \cos\theta \end{pmatrix}$$

をかけると,

$$\begin{pmatrix} A_1' \\ A_2' \end{pmatrix} = \begin{pmatrix} \cos\theta & \sin\theta \\ -\sin\theta & \cos\theta \end{pmatrix} \begin{pmatrix} A_1 \\ A_2 \end{pmatrix} \tag{3.14}$$

となり, 同じベクトルでも座標系のとり方によりその成分が変化することがわかる.

次に x'–y' 座標系における単位基底ベクトル $(\boldsymbol{e}_1, \boldsymbol{e}_2)$ を導入する. するとこの座標系においてベクトル $\boldsymbol{A}$ は $\boldsymbol{A} = A_1'\boldsymbol{e}_1 + A_2'\boldsymbol{e}_2$ と書ける. 新しい基底ベクトルは, 幾何学的にもとの座標系の単位基底ベクトル $(\boldsymbol{i}, \boldsymbol{j})$ を使って,

$$\begin{cases} \boldsymbol{e}_1 = (\quad \cos\theta\,\boldsymbol{i} + \sin\theta\,\boldsymbol{j}) \\ \boldsymbol{e}_2 = (-\sin\theta\,\boldsymbol{i} + \cos\theta\,\boldsymbol{j}) \end{cases} \tag{3.15}$$

と表せる. この式 (3.15) と式 (3.14) を $\boldsymbol{A} = A_1'\boldsymbol{e}_1 + A_2'\boldsymbol{e}_2$ に代入すると, 確かに $\boldsymbol{A} = A_1\boldsymbol{i} + A_2\boldsymbol{j} = A_1'\boldsymbol{e}_1 + A_2'\boldsymbol{e}_2$ と, ベクトルそれ自身が座標系に依存せず不変であることが確認できる.

問 1 $\boldsymbol{R}^{-1}$ を求めよ.

練習問題 3.1

1. $\boldsymbol{X} = 2\boldsymbol{A} + \boldsymbol{B} + \boldsymbol{C}$, $\boldsymbol{Y} = \boldsymbol{A} + \boldsymbol{B} - \boldsymbol{C}$, $\boldsymbol{Z} = \boldsymbol{A} - 3\boldsymbol{B} + 2\boldsymbol{C}$ とするとき $\boldsymbol{X} - 2\boldsymbol{Y} + 3\boldsymbol{Z}$ を $\boldsymbol{A}$, $\boldsymbol{B}$, $\boldsymbol{C}$ で表せ.

2. $\boldsymbol{X} = \boldsymbol{A} + 2\boldsymbol{B} - \boldsymbol{C}$, $\boldsymbol{Y} = \boldsymbol{A} + \boldsymbol{B} - 2\boldsymbol{C}$, $\boldsymbol{Z} = 2\boldsymbol{A} - \boldsymbol{B} - 3\boldsymbol{C}$ とするとき $\boldsymbol{A}$, $\boldsymbol{B}$, $\boldsymbol{C}$ を $\boldsymbol{X}$, $\boldsymbol{Y}$, $\boldsymbol{Z}$ で表せ.

3. 平面極座標系は 2 次元空間での直交座標系で, $r = \sqrt{x^2 + y^2}$, $\theta = \tan^{-1}(y/x)$ で r と θ を定義し, $\bm{e}_r = \bm{i}\cos\theta + \bm{j}\sin\theta$, $\bm{e}_\theta = -\bm{i}\sin\theta + \bm{j}\cos\theta$ により新しい直交単位ベクトル $\bm{e}_r$, $\bm{e}_\theta$ を導入する. $\bm{i}, \bm{j}$ を $\bm{e}_r$, $\bm{e}_\theta$ で表せ.

4. 球座標系は 3 次元空間での直交座標系で, $r = \sqrt{x^2 + y^2 + z^2}$, $\theta = \sin^{-1}(z/r)$, $\phi = \tan^{-1}(y/x)$ で r, θ, ϕ を定義し, $\bm{e}_r = \bm{k}\cos\theta + (\bm{i}\cos\phi + \bm{j}\sin\phi)\sin\theta$, $\bm{e}_\theta = -\bm{k}\sin\theta + (\bm{i}\cos\phi + \bm{j}\sin\phi)\cos\theta$, $\bm{e}_\phi = -\bm{i}\sin\phi + \bm{j}\cos\phi$ により新しい直交単位ベクトル $\bm{e}_r$, $\bm{e}_\theta$, $\bm{e}_\phi$ を導入する. $\bm{i}, \bm{j}, \bm{j}$ を $\bm{e}_r$, $\bm{e}_\theta$, $\bm{e}_\phi$ で表せ.

3.2 ベクトルの内積・外積

この節ではベクトル同士の積について考える．ベクトル同士の積には，**内積**（あるいは**スカラー積**）と呼ばれるものと，**外積**（あるいは**ベクトル積**）と呼ばれるものがある．この節ではこれら内積と外積の定義，また内積，外積を組み合わせた 3 重積およびこれらの応用に関して述べる．

3.2.1 ベクトルの内積

ベクトルの内積は $\bm{A} \cdot \bm{B}$ のように，ベクトル $\bm{A}$ と $\bm{B}$ の間に · を置き表す．内積はベクトル $\bm{A}$ と $\bm{B}$ の等しさの度合いを計算する演算で，ベクトル $\bm{A}, \bm{B}$ のなす角 θ の cos と大きさ A, B をかけたものとして

$$\bm{A} \cdot \bm{B} = AB\cos\theta \tag{3.16}$$

のように定義される．この定義からもわかるように内積で得られる結果は「スカラー」となる．内積演算は幾何学的には，図 3.11 に示すように，ベクトル $\bm{B}$ をベクトル $\bm{A}$ 上に正射影し積をとったものである．ベクトルの大きさ，またべ

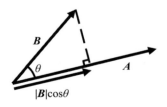

図 **3.11** ベクトルの内積

クトル同士がなす角は座標系に依存しないので，内積は座標のとり方に依存しない量である．

この定義から内積の非常に重要な性質として，ゼロでないベクトル $\boldsymbol{A}$ と $\boldsymbol{B}$ が直交するとき内積がゼロとなることがいえる．

$$\boldsymbol{A} \cdot \boldsymbol{B} = 0 \quad \Leftrightarrow \quad \boldsymbol{A} \perp \boldsymbol{B} \tag{3.17}$$

よって，3次元直交座標系の単位基底ベクトル $\boldsymbol{i}, \boldsymbol{j}, \boldsymbol{k}$ に対しては，

$$\begin{cases} \boldsymbol{i} \cdot \boldsymbol{i} = \boldsymbol{j} \cdot \boldsymbol{j} = \boldsymbol{k} \cdot \boldsymbol{k} = 1 \\ \boldsymbol{i} \cdot \boldsymbol{j} = \boldsymbol{j} \cdot \boldsymbol{k} = \boldsymbol{k} \cdot \boldsymbol{i} = 0 \end{cases} \tag{3.18}$$

となる．

内積ではその定義により交換法則が成り立つ．

$$\boldsymbol{A} \cdot \boldsymbol{B} = \boldsymbol{B} \cdot \boldsymbol{A} \tag{3.19}$$

また以下の分配法則も成り立つ．

$$\boldsymbol{A} \cdot (\boldsymbol{B} + \boldsymbol{C}) = \boldsymbol{A} \cdot \boldsymbol{B} + \boldsymbol{A} \cdot \boldsymbol{C} \tag{3.20}$$

分配法則が成り立つことは以下のようにして理解できる．簡単のために，ベクトル $\boldsymbol{A}, \boldsymbol{B}, \boldsymbol{C}$ が図 3.12 に示すように2次元直交座標の同一面内にあるとする．内積演算は本質的にベクトルの正射影と結びついているので，基底ベクトルとしてベクトル $\boldsymbol{A}$ に平行な単位長さのベクトル $\boldsymbol{e}_\parallel$ とこれに垂直な単位ベクトル $\boldsymbol{e}_\perp$ を選んで考える．この基底ベクトルを使って，ベクトル $\boldsymbol{A}, \boldsymbol{B}, \boldsymbol{C}$ を成分表記すると，

$$\boldsymbol{A} = A_1 \boldsymbol{e}_\parallel$$
$$\boldsymbol{B} = B_1 \boldsymbol{e}_\parallel + B_2 \boldsymbol{e}_\perp$$
$$\boldsymbol{C} = C_1 \boldsymbol{e}_\parallel + C_2 \boldsymbol{e}_\perp$$

となる．代入すると，

$$\boldsymbol{A} \cdot (\boldsymbol{B} + \boldsymbol{C}) = A_1 \boldsymbol{e}_\parallel \cdot ((B_1 + C_1) \boldsymbol{e}_\parallel + (B_2 + C_2) \boldsymbol{e}_\perp)$$

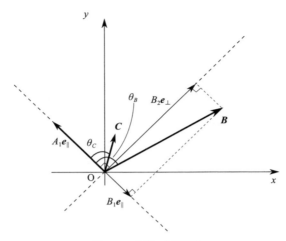

図 3.12 内積の分配法則

となる．$e_\parallel$ と $e_\perp$ は直交しているので $e_\parallel \cdot e_\perp = 0$，また $e_\parallel \cdot e_\parallel$ は同じベクトルの内積なので $e_\parallel \cdot e_\parallel = 1$ となるため

$$A_1 e_\parallel \cdot ((B_1 + C_1)e_\parallel + (B_2 + C_2)e_\perp) = A_1 B_1 + A_1 C_1$$

となる．また幾何学的に $B_1 = B\cos\theta_B$, $C_1 = C\cos\theta_C$ (θ_B, θ_C はそれぞれベクトル A と B, A と C のなす角) であるので，結局

$$A \cdot (B + C) = A_1 B \cos\theta_B + A_1 C \cos\theta_C$$
$$= A \cdot B + A \cdot C$$

と分配法則が成り立つことがわかる．ここでは A, B, C が同一平面内にあるとしたが，同一平面内でもなくとも以上の議論は成り立つ．

この分配法則(式 (3.20))と i, j, k に対する内積の関係(式 (3.18))を用いると，ベクトルの内積を成分を使って計算できる．ベクトル $A = A_1 i + A_2 j + A_3 k$ と $B = B_1 i + B_2 j + B_3 k$ とすると，その内積は

$$A \cdot B = (A_1 i + A_2 j + A_3 k) \cdot (B_1 i + B_2 j + B_3 k)$$
$$= A_1 B_1 i \cdot i + A_1 B_2 i \cdot j + A_1 B_3 i \cdot k$$
$$+ A_2 B_1 j \cdot i + A_2 B_2 j \cdot j + A_2 B_3 j \cdot k$$

$$+ A_3B_1 \bm{k}\cdot\bm{i} + A_3B_2\bm{k}\cdot\bm{j} + A_3B_3\bm{k}\cdot\bm{k}$$
$$= A_1B_1 + A_2B_2 + A_3B_3 \tag{3.21}$$

と書ける．

3.2.2 ベクトルの外積

ベクトルの外積は $\bm{A}\times\bm{B}$ のように，ベクトル $\bm{A}$ と $\bm{B}$ の間に $\times$ を置き表す．外積はベクトル $\bm{A}$ と $\bm{B}$ の異なり具合を計算する演算で，ベクトル $\bm{A},\bm{B}$ のなす角 θ の sin と大きさ A, B をかけたものとして

$$\bm{A}\times\bm{B} = AB\sin\theta\,\bm{n} \tag{3.22}$$

のように定義される．$\bm{n}$ はベクトル $\bm{A}$ と $\bm{B}$ が張る平面に直交する単位ベクトルである．このようなベクトルを**法線ベクトル**と呼ぶ．$\bm{n}$ の向きは図 3.13 に示すように，$\bm{A}$ から $\bm{B}$ に右ネジを回し，ネジが進む方向の向きである．この定義からも分かるように外積で得られる結果は「ベクトル」となる．外積演算は幾何学的には，図 3.13 に示すように，ベクトル $\bm{A}$ とベクトル $\bm{B}$ がつくる平行四辺形の面積をもった，その面に垂直なベクトルである．3.4 節で詳しく述べるが，工学において面積を扱う場合，その大きさだけでなく，その面積が向いている向きが重要となるため，面積を，「大きさ」としてその面がもつ面積，「向き」としてその面に直交する向きをもったベクトル量として取り扱う．

この定義から外積の非常に重要な性質として，ゼロでないベクトル $\bm{A}$ と $\bm{B}$ が同一線上に並ぶとき外積がゼロとなることがいえる．

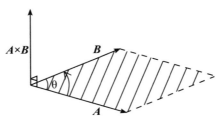

図 **3.13** ベクトルの外積

$$A \times B = 0 \quad \Leftrightarrow \quad A \parallel B \tag{3.23}$$

なお，ベクトルが同一線上に並ぶことを共線関係にあるといい，このような
ベクトルを共線ベクトルと呼ぶ．定義より，3 次元直交座標系の単位基底ベク
トル i, j, k に対しては，

$$i \times i = j \times j = k \times k = 0$$

$$i \times j = k, \quad j \times k = i, \quad k \times i = j \tag{3.24}$$

が成り立つ．

外積ではその定義により，内積とは異なり交換法則が成り立たたず，入れ替
えにより符号が変化する．

$$A \times B = -B \times A \tag{3.25}$$

一方で，以下の分配法則が成り立つ．

$$A \times (B + C) = A \times B + A \times C \tag{3.26}$$

この式が成り立つことは内積のときと同様，ベクトル A に平行な基底ベクトル
と垂直な基底ベクトルを用いて，ベクトル B, C を成分表記し，式 (3.27) に代
入すればわかる．

この分配法則 (式 (3.26)) と直交基底ベクトル同士の外積の関係 (式 (3.24))
を用いると，ベクトルの外積を成分を使って計算できる．ベクトル $A = A_1 i + A_2 j + A_3 k$ と $B = B_1 i + B_2 j + B_3 k$ とすると，その外積は

$$
\begin{aligned}
A \times B &= (A_1 i + A_2 j + A_3 k) \times (B_1 i + B_2 j + B_3 k) \\
&= A_1 B_1 i \times i + A_1 B_2 i \times j + A_1 B_3 i \times k \\
&\quad + A_2 B_1 j \times i + A_2 B_2 j \times j + A_2 B_3 j \times k \\
&\quad + A_3 B_1 k \times i + A_3 B_2 k \times j + A_3 B_3 k \times k \\
&= (A_2 B_3 - A_3 B_2) i + (A_3 B_1 - A_1 B_3) j + (A_1 B_2 - A_2 B_1) k
\end{aligned}
$$

$$\tag{3.27}$$

と書ける．これは以下のように行列式を使っても書ける．

$$\boldsymbol{A} \times \boldsymbol{B} = \begin{vmatrix} \boldsymbol{i} & \boldsymbol{j} & \boldsymbol{k} \\ A_1 & A_2 & A_3 \\ B_1 & B_2 & B_3 \end{vmatrix} \qquad (3.28)$$

問 1 式 (3.28) が成立することを示せ．

3.2.3 スカラー 3 重積

スカラー 3 重積とは，以下のような 3 つのベクトル $\boldsymbol{A}, \boldsymbol{B}, \boldsymbol{C}$ の内積・外積を組み合わせた演算をさす．

$$\boldsymbol{A} \cdot (\boldsymbol{B} \times \boldsymbol{C}) \qquad (3.29)$$

このスカラー 3 重積はグラスマンの記号を用いて，

$$\boldsymbol{A} \cdot (\boldsymbol{B} \times \boldsymbol{C}) = [\,\boldsymbol{A}\boldsymbol{B}\boldsymbol{C}\,] \qquad (3.30)$$

のように書くこともある．この定義からもわかるようにスカラー 3 重積で得られる結果は「スカラー」となる．スカラー 3 重積（正確にはその絶対値）は幾何学的には，図 3.14 に示すように，ベクトル $\boldsymbol{A}, \boldsymbol{B}, \boldsymbol{C}$ がつくる平行六面体の体積に相当する．これは $\boldsymbol{B} \times \boldsymbol{C}$ が平行四辺形の面積ベクトルで，これに $\boldsymbol{A}$ との内積をとっているので，平行四辺形への垂線（図中点線）となることを考えれば容易にわかろう．

なおベクトル $\boldsymbol{B}, \boldsymbol{C}$ のなす角，つまり面積ベクトルの向きによっては，スカラー 3 重積で得られる結果が負になることに注意されたい．

このような幾何学的な意味から，スカラー 3 重積の非常に重要な性質として，

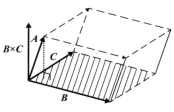

図 3.14 スカラー 3 重積

152   3 ベクトル解析

ゼロでないベクトル A, B, C が同一平面内にあるとき，スカラー 3 重積，つまり A, B, C が張る体積がゼロとなる．

$$[\,ABC\,] = 0 \quad \Leftrightarrow \quad A = mB + nC \tag{3.31}$$

なおベクトルが同一平面上に並ぶことを共面関係にあるといい，このようなベクトルを共面ベクトルと呼ぶ．

ベクトル $A = A_1 i + A_2 j + A_3 k$，$B = B_1 i + B_2 j + B_3 k$，$C = C_1 i + C_2 j + C_3 k$ を用いて，スカラー 3 重積を成分表記すると，

$$[\,ABC\,] = (A_1 i + A_2 j + A_3 k) \cdot \begin{vmatrix} i & j & k \\ B_1 & B_2 & B_3 \\ C_1 & C_2 & C_3 \end{vmatrix} = \begin{vmatrix} A_1 & A_2 & A_3 \\ B_1 & B_2 & B_3 \\ C_1 & C_2 & C_3 \end{vmatrix} \tag{3.32}$$

行列式の性質から 2 つの行を入れ替えると符号が変わり，

$$A \cdot (B \times C) = -A \cdot (C \times B) = -B \cdot (A \times C) \tag{3.33}$$

となることがわかる．これは式 (3.25) からも容易にわかる．またさらに行を入れ替えることで，

$$[\,ABC\,] = [\,BCA\,] = [\,CAB\,] \tag{3.34}$$

となることがわかる．これを循環法則と呼ぶ．

3.2.4 ベクトル 3 重積

ベクトル 3 重積とは，以下のような 3 つのベクトル A，B，C の外積をとった演算をさす．

$$A \times (B \times C) \tag{3.35}$$

ベクトル 3 重積は幾何学的に非常に面白い性質をもっている．$A \times (B \times C)$ は，ベクトル A と $B \times C$ が張る面に直交している．ところが，$B \times C$ はベクトル B と C が張る面に直交しているため，結果として $A \times (B \times C)$ は，図 3.15 に示すように，ベクトル B と C が張る面に戻ってくるのである．つ

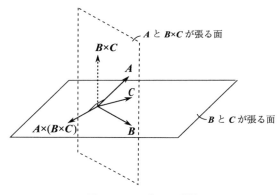

図 3.15 ベクトル 3 重積

まり，$\bm{A} \times (\bm{B} \times \bm{C})$ と $\bm{B}, \bm{C}$ は共面関係にある．

したがって，
$$\bm{A} \times (\bm{B} \times \bm{C}) = m\bm{B} + n\bm{C}$$
と書ける．ただし m, n はスカラーである．この式の両辺に左から $\bm{A}$ との内積をとると，$\bm{A} \times (\bm{B} \times \bm{C})$ と $\bm{A}$ は直交しているのでゼロとなる．
$$m\,\bm{A} \cdot \bm{B} + n\,\bm{A} \cdot \bm{C} = 0$$
上式は適当な定数 α を用いて，$m = \alpha \bm{A} \cdot \bm{C}$, $n = -\alpha \bm{A} \cdot \bm{B}$ のときに成り立つので
$$\bm{A} \times (\bm{B} \times \bm{C}) = \alpha[(\bm{A} \cdot \bm{C})\,\bm{B} - (\bm{A} \cdot \bm{B})\,\bm{C}] \tag{3.36}$$
となる．上式を成分表記し，左辺と右辺を比較すると $\alpha = 1$ となることがわかる．したがって，結局

$$\boxed{\bm{A} \times (\bm{B} \times \bm{C}) = (\bm{A} \cdot \bm{C})\,\bm{B} - (\bm{A} \cdot \bm{B})\,\bm{C} \tag{3.37}}$$

という非常に重要な関係式が導かれる．

最後に $\alpha = 1$ となることを示しておこう．簡単のためにデカルト座標系において，ベクトル $\bm{B}$ が x 軸に平行で，$\bm{C}$ が xy 平面内にあり，$\bm{A}$ が z 軸方向に張り出している以下の状況を考える．
$$\bm{A} = A_1 \bm{i} + A_2 \bm{j} + A_3 \bm{k}, \quad \bm{B} = B_1 \bm{i}, \quad \bm{C} = C_1 \bm{i} + C_2 \bm{j}$$

すると，$\boldsymbol{B} \times \boldsymbol{C} = B_1 C_2 \boldsymbol{k}$，$\boldsymbol{A} \cdot \boldsymbol{B} = A_1 B_1$，$\boldsymbol{A} \cdot \boldsymbol{C} = A_1 C_1 + A_2 C_2$ より，式 (3.36) の左辺を計算すると，

$$\boldsymbol{A} \times (\boldsymbol{B} \times \boldsymbol{C}) = (A_1 \boldsymbol{i} + A_2 \boldsymbol{j} + A_3 \boldsymbol{k}) \times B_1 C_2 \boldsymbol{k}$$

$$= A_2 B_1 C_2 \boldsymbol{i} - A_1 B_1 C_2 \boldsymbol{j} \qquad (3.38)$$

また右辺を計算すると，

$$\alpha[(\boldsymbol{A} \cdot \boldsymbol{C})\,\boldsymbol{B} - (\boldsymbol{A} \cdot \boldsymbol{B})\,\boldsymbol{C}] = \alpha[(A_1 C_1 + A_2 C_2)\,B_1 \boldsymbol{i} - A_1 B_1\,(C_1 \boldsymbol{i} + C_2 \boldsymbol{j})]$$

$$= \alpha[A_2 B_1 C_2 \boldsymbol{i} - A_1 B_1 C_2 \boldsymbol{j}] \qquad (3.39)$$

となり，式 (3.38) と式 (3.39) の比較から $\alpha = 1$ であることがわかる．

練習問題 3.2

1. $\boldsymbol{A} = 2\boldsymbol{i} - 3\boldsymbol{j} - \boldsymbol{k}$，$\boldsymbol{B} = 3\boldsymbol{i} + 2\boldsymbol{j} + \boldsymbol{k}$ とするとき，ベクトル $\boldsymbol{A}$ と $\boldsymbol{B}$ のなす角の sin および cos を求めよ．

2. ゼロベクトルでない $\boldsymbol{A}$ に対し $\boldsymbol{A} \times \boldsymbol{B} = 0$ かつ $\boldsymbol{A} \cdot \boldsymbol{B} = 0$ なら $\boldsymbol{B} = 0$ となることを証明せよ．

3. ベクトル $\boldsymbol{A} = 2\boldsymbol{i} + 3\boldsymbol{j} - \boldsymbol{k}$，および $\boldsymbol{B} = \boldsymbol{i} - \boldsymbol{j} + 4\boldsymbol{k}$ の両方に垂直な単位ベクトルを求めよ．

4. $\boldsymbol{i}$，$\boldsymbol{j}$，$\boldsymbol{k}$ を 3 次元デカルト座標系の基本ベクトルとするとき，任意のベクトル $\boldsymbol{A}$ に対して，次式を証明せよ．

$$\boldsymbol{A} = [\boldsymbol{A}\boldsymbol{j}\boldsymbol{k}]\boldsymbol{i} + [\boldsymbol{A}\boldsymbol{k}\boldsymbol{i}]\boldsymbol{j} + [\boldsymbol{A}\boldsymbol{i}\boldsymbol{j}]\boldsymbol{k}$$

$$= (\boldsymbol{A} \cdot \boldsymbol{i})\boldsymbol{i} + (\boldsymbol{A} \cdot \boldsymbol{j})\boldsymbol{j} + (\boldsymbol{A} \cdot \boldsymbol{k})\boldsymbol{k}$$

5. $\boldsymbol{A} = 2\boldsymbol{i}$ に垂直で $\boldsymbol{B} = \boldsymbol{i} + \boldsymbol{j} + \boldsymbol{k}$ と 60° の角をなす単位ベクトルを求めよ．

6. $(\boldsymbol{A} \times \boldsymbol{B}) \cdot (\boldsymbol{C} \times \boldsymbol{D}) + (\boldsymbol{B} \times \boldsymbol{C}) \cdot (\boldsymbol{A} \times \boldsymbol{D}) + (\boldsymbol{C} \times \boldsymbol{A}) \cdot (\boldsymbol{B} \times \boldsymbol{D}) = 0$ を証明せよ．

7. 点 O を始点としてベクトル $\boldsymbol{A}$，$\boldsymbol{B}$，$\boldsymbol{C}$ を引く．このとき，ベクトル $\boldsymbol{A} \times \boldsymbol{B} + \boldsymbol{B} \times \boldsymbol{C} + \boldsymbol{C} \times \boldsymbol{A}$ は $\boldsymbol{A}$，$\boldsymbol{B}$，$\boldsymbol{C}$ の終点を通る平面に垂直であることを示せ．

8. 三角錐において，各面に垂直外向きで，大きさが各面の面積に等しいベクトルを，$\boldsymbol{F}_1$，$\boldsymbol{F}_2$，$\boldsymbol{F}_3$，$\boldsymbol{F}_4$ とする．このとき，$\boldsymbol{F}_1 + \boldsymbol{F}_2 + \boldsymbol{F}_3 + \boldsymbol{F}_4 = 0$ であることを示せ．また，四角錐のときには，同様の関係が得られるか．

3.3 ベクトルの微分 155

9. ベクトル $\boldsymbol{A}$ と $\boldsymbol{B}$ のなす角を θ とするとき，$\cos^2\theta = (\boldsymbol{A}\cdot\boldsymbol{B})^2/(|\boldsymbol{A}|^2|\boldsymbol{B}|^2)$ である．これより $|\boldsymbol{A}\times\boldsymbol{B}|^2 = |\boldsymbol{A}|^2|\boldsymbol{B}|^2\sin^2\theta$ となること示せ．

10. $|\boldsymbol{A}+\boldsymbol{B}+\boldsymbol{C}| \le |\boldsymbol{A}|+|\boldsymbol{B}|+|\boldsymbol{C}|$ を幾何学的に証明せよ．

11. 平行六面体の頂点を共有する 3 辺を表すベクトル $\boldsymbol{A}$, $\boldsymbol{B}$, $\boldsymbol{C}$ を $\boldsymbol{A} = 3\boldsymbol{i}+\boldsymbol{j}+\boldsymbol{k}$, $\boldsymbol{B} = 2\boldsymbol{i}+\boldsymbol{j}+2\boldsymbol{k}$, $\boldsymbol{C} = -\boldsymbol{i}-\boldsymbol{j}+4\boldsymbol{k}$ とするとき，平行六面体の体積を求めよ．

12. 同一平面上にない 3 ベクトル $\boldsymbol{A}_1$，$\boldsymbol{A}_2$，$\boldsymbol{A}_3$ に対し
$$\boldsymbol{A}_2{}' = \boldsymbol{A}_2 - \frac{(\boldsymbol{A}_1\cdot\boldsymbol{A}_2)\boldsymbol{A}_1}{|\boldsymbol{A}_1|^2}, \quad \boldsymbol{A}_3{}' = \boldsymbol{A}_3 - \frac{(\boldsymbol{A}_1\cdot\boldsymbol{A}_3)\boldsymbol{A}_1}{|\boldsymbol{A}_1|^2} - \frac{(\boldsymbol{A}_2{}'\cdot\boldsymbol{A}_3)\boldsymbol{A}_2{}'}{|\boldsymbol{A}_2{}'|^2}$$
をつくる．このとき $\boldsymbol{A}_1$，$\boldsymbol{A}_2{}'$，$\boldsymbol{A}_3{}'$ は互いに直交することを示せ (これはグラム–シュミットの直交化法といわれる)．

13. $\boldsymbol{A}_1 = 3\boldsymbol{i}+2\boldsymbol{j}+\boldsymbol{k}$, $\boldsymbol{A}_2 = \boldsymbol{i}-2\boldsymbol{j}-\boldsymbol{k}$, $\boldsymbol{A}_3 = \boldsymbol{i}-\boldsymbol{j}+\boldsymbol{k}$ とするとき，前問の方法で，互いに直交するベクトル $\boldsymbol{A}_1$，$\boldsymbol{A}_2{}'$，$\boldsymbol{A}_3{}'$ をつくれ．

14. $(\boldsymbol{A}\times\boldsymbol{B})\cdot(\boldsymbol{C}\times\boldsymbol{D}) = (\boldsymbol{A}\cdot\boldsymbol{C})(\boldsymbol{B}\cdot\boldsymbol{D}) - (\boldsymbol{A}\cdot\boldsymbol{D})(\boldsymbol{B}\cdot\boldsymbol{C})$ を証明せよ．

3.3 ベクトルの微分

3.3.1 ベクトル関数と曲線

質点の運動における位置や速度はベクトルで表されるが，時間 t とともに変化するから，これらは t の関数である．このように，ベクトルが独立変数の関数であるとき，ベクトル関数と呼ぶ．

さて，空間に固定されたデカルト座標を用いてベクトル $\boldsymbol{V}(t)$ を表すと

$$\boldsymbol{V}(t) = V_1(t)\boldsymbol{i} + V_2(t)\boldsymbol{j} + V_3(t)\boldsymbol{k} \tag{3.40}$$

ここで V_1，V_2，V_3 は各成分である．時刻 t から $t+\Delta t$ の間の $\boldsymbol{V}$ の変化 $\Delta\boldsymbol{V}$ は

$$\begin{aligned}
\Delta\boldsymbol{V} &= \boldsymbol{V}(t+\Delta t) - \boldsymbol{V}(t) \\
&= \{V_1(t+\Delta t) - V_1(t)\}\boldsymbol{i} + \{V_2(t+\Delta t) - V_2(t)\}\boldsymbol{j} \\
&\quad + \{V_3(t+\Delta t) - V_3(t)\}\boldsymbol{k}
\end{aligned}$$

であるから，$\boldsymbol{V}(t)$ の導関数は

$$\frac{d\boldsymbol{V}}{dt} = \lim_{\Delta t\to 0}\frac{\Delta\boldsymbol{v}}{\Delta t} = \lim_{\Delta t\to 0}\left\{\frac{V_1(t+\Delta t) - V_1(t)}{\Delta t}\boldsymbol{i} + \frac{V_2(t+\Delta t) - V_2(t)}{\Delta t}\boldsymbol{j}\right.$$

$$+\frac{V_3(t+\Delta t)-V_3(t)}{\Delta t}\boldsymbol{k}\Big\}$$

$$=\frac{dV_1}{dt}\boldsymbol{i}+\frac{dV_2}{dt}\boldsymbol{j}+\frac{dV_3}{dt}\boldsymbol{k}$$

すなわち

$$\frac{d\boldsymbol{V}}{dt}=\frac{dV_1}{dt}\boldsymbol{i}+\frac{dV_2}{dt}\boldsymbol{j}+\frac{dV_3}{dt}\boldsymbol{k} \tag{3.41}$$

したがって，

$$d\boldsymbol{V}=dV_1\boldsymbol{i}+dV_2\boldsymbol{j}+dV_3\boldsymbol{k} \tag{3.42}$$

となる．また $\boldsymbol{V}(t)$ の高階の導関数も同様に定義される．

$\boldsymbol{U}(t)$，$\boldsymbol{V}(t)$ をベクトル関数，$f(t)$ をスカラー関数とするとき，次式が成り立つ．

$$\frac{d}{dt}(\boldsymbol{U}\pm\boldsymbol{V})=\frac{d\boldsymbol{U}}{dt}\pm\frac{d\boldsymbol{V}}{dt} \tag{3.43}$$

$$\frac{d}{dt}(f\boldsymbol{V})=\frac{df}{dt}\boldsymbol{V}+f\frac{d\boldsymbol{V}}{dt} \tag{3.44}$$

$$\frac{d}{dt}(\boldsymbol{U}\cdot\boldsymbol{V})=\frac{d\boldsymbol{U}}{dt}\cdot\boldsymbol{V}+\boldsymbol{U}\cdot\frac{d\boldsymbol{V}}{dt} \tag{3.45}$$

$$\frac{d}{dt}(\boldsymbol{U}\times\boldsymbol{V})=\frac{d\boldsymbol{U}}{dt}\times\boldsymbol{V}+\boldsymbol{U}\times\frac{d\boldsymbol{V}}{dt} \tag{3.46}$$

これらは普通のスカラー関数の微分の関係と同じである．

これらの式の証明は．たとえば，式 (3.44) では

$$\frac{d}{dt}(f\boldsymbol{V})=\frac{d}{dt}(fV_1\boldsymbol{i}+fV_2\boldsymbol{j}+fV_3\boldsymbol{k})$$

$$=\Big(\frac{df}{dt}V_1+f\frac{dV_1}{dt}\Big)\boldsymbol{i}+\Big(\frac{df}{dt}V_2+f\frac{dV_2}{dt}\Big)\boldsymbol{j}+\Big(\frac{df}{dt}V_3+f\frac{dV_3}{dt}\Big)\boldsymbol{k}$$

$$=\frac{df}{dt}(V_1\boldsymbol{i}+V_2\boldsymbol{j}+V_3\boldsymbol{k})+f\Big(\frac{dV_1}{dt}\boldsymbol{i}+\frac{dV_2}{dt}\boldsymbol{j}+\frac{dV_3}{dt}\boldsymbol{k}\Big)$$

$$=\frac{df}{dt}\boldsymbol{V}+f\frac{d\boldsymbol{V}}{dt}$$

他の式も，成分に分けて微分することにより，容易に証明される．

3.3.2 空 間 曲 線

図 3.16 で示されるように，曲線 C に沿う質点 P の運動を考えよう．時刻 t での P の位置ベクトルを $\boldsymbol{R}(t)$ とし，その成分を $x(t)$，$y(t)$，$z(t)$ とすれば

3.3 ベクトルの微分

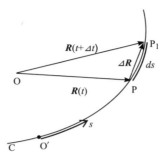

図 **3.16** 質点の運動と接線ベクトル

$$\boldsymbol{R}(t) = x(t)\boldsymbol{i} + y(t)\boldsymbol{j} + z(t)\boldsymbol{k} \tag{3.47}$$

また，時刻 $t+\Delta t$ での位置を P_1 とし，そのベクトルを $\boldsymbol{R}(t+\Delta t)$ とする．Δt が非常に小さいとき，弧 $\widehat{PP_1}$ は，ほぼ直線と見なされ，$\Delta \boldsymbol{R} = \boldsymbol{R}(t+\Delta t) - \boldsymbol{R}(t)$ に一致する．つまり，$\Delta t \to 0$ のとき $\Delta \boldsymbol{R}$，したがって，$\Delta \boldsymbol{R}/\Delta t$ は C の接線の方向を向いたベクトルとなる．これを曲線 C の接線ベクトルと呼ぶ．すなわち

$$\frac{d\boldsymbol{R}}{dt} \text{ は曲線の接線ベクトルである．} \tag{3.48}$$

時間 t のかわりに，C に沿ってある基準点から測った距離 s をとれば

$$\frac{d\boldsymbol{R}}{dt} = \frac{d\boldsymbol{R}}{ds}\frac{ds}{dt} \tag{3.49}$$

となる．ここで $d\boldsymbol{R}/ds$ の大きさに着目すると，

$$\left|\frac{d\boldsymbol{R}}{ds}\right| = \frac{|d\boldsymbol{R}|}{ds} = \lim_{\widehat{PP_1} \to 0} \frac{|\text{弦}\overline{PP_1}\text{の長さ}|}{|\text{弧}\widehat{PP_1}\text{の長さ}|} = 1 \tag{3.50}$$

であるから，$d\boldsymbol{R}/ds$ は大きさが 1 で，$d\boldsymbol{R}/dt$ と同方向，すなわち接線方向を向いたベクトルということになる．つまり

$$\boldsymbol{t} = \frac{d\boldsymbol{R}}{ds} \tag{3.51}$$

は単位接線ベクトルである．$d\boldsymbol{R} = dx\boldsymbol{i} + dy\boldsymbol{j} + dz\boldsymbol{k}$ となるので，式 (3.50) から

$$ds = |d\boldsymbol{R}| = \sqrt{dx^2 + dy^2 + dz^2} = \sqrt{\left(\frac{dx}{dt}\right)^2 + \left(\frac{dy}{dt}\right)^2 + \left(\frac{dz}{dt}\right)^2}\,dt \tag{3.52}$$

となる．ds は線素と呼ばれ，曲線に沿う微小な長さを表す．さて，ds/dt は C に沿っての距離の変化，すなわち，速さ $V(t)$ を表しているから，式 (3.49) は

$$\frac{d\boldsymbol{R}}{dt} = V\boldsymbol{t} := \boldsymbol{V} \tag{3.53}$$

となり，質点の速度 $\boldsymbol{V}$ を表す．

次に，速度の時間的変化を考えよう．上式を t で微分すれば

$$\frac{d\boldsymbol{V}}{dt} = \frac{d}{dt}(V(t)\boldsymbol{t}) = \frac{dV}{dt}\boldsymbol{t} + V\frac{d\boldsymbol{t}}{dt} \tag{3.54}$$

ここで，右辺第 1 項は，接線方向を向き，C に沿う速さの変化（すなわち，加速度）の大きさをもったベクトルで，接線加速度と呼ばれる．次に第 2 項の意味を考えるために，$\boldsymbol{t}$ の時間変化を調べる．$d\boldsymbol{t}/dt$ を s での微分に変更すると，先にも述べたように ds/dt が C に沿っての単位時間あたりの距離の変化に相当するので

$$V\frac{d\boldsymbol{t}}{dt} = V\frac{d\boldsymbol{t}}{ds}\frac{ds}{dt} = V^2\frac{d\boldsymbol{t}}{ds} \tag{3.55}$$

となる．また $\boldsymbol{t}$ の大きさは 1 だから，$\boldsymbol{t}\cdot\boldsymbol{t} = 1$ となり，これを s で微分すると，

$$\boldsymbol{t}\cdot\frac{d\boldsymbol{t}}{ds} = 0 \tag{3.56}$$

であることがわかる．したがって $d\boldsymbol{t}/ds$ は $\boldsymbol{t}$ に垂直な方向をもっている．いま，図 3.17 のように，曲線 C の一部が半径 ρ の内接円で近似されるものとし，$d\boldsymbol{t}/ds$ の大きさについて調べる．このような内接円の半径を曲率半径と呼び，その逆数 $\kappa\,(=1/\rho)$ を曲率と呼ぶ．Δs は円弧 $\widehat{\mathrm{PP_1}}$ の長さなので $\Delta s = \rho\Delta\theta$

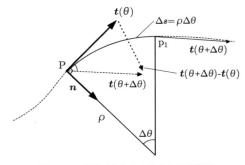

図 **3.17** 接線ベクトルの変化と曲率半径

と書ける. また $|dt| = |t(\theta + \Delta\theta) - t(\theta)|$ は $|\Delta\theta|$ が非常に小さいとき, $|t|$ を半径とした円弧の長さに相当するので $|t|\Delta\theta$ となる. したがって,

$$\left|\frac{dt}{ds}\right| = \lim_{\Delta s \to 0} \frac{|t(\theta + \Delta\theta) - t(\theta)|}{\Delta s} = \lim_{\Delta\theta \to 0} \frac{|t|\Delta\theta}{\Delta s} = \left|\frac{d\theta}{ds}\right|$$

あるいは

$$\left|\frac{dt}{ds}\right| = \lim_{\Delta\theta \to 0} \frac{1}{\rho} \frac{|t(\theta + \Delta\theta) - t(\theta)|}{\Delta\theta} = \lim_{\Delta\theta \to 0} \frac{1}{\rho} \frac{|t|\Delta\theta}{\Delta\theta} = \frac{1}{\rho} = \kappa$$

となる. つまり, dt/ds は大きさが曲率半径の逆数で, 向きが t に直交するベクトルである. 結局,

$$\kappa = \frac{1}{\rho} = \left|\frac{d\theta}{ds}\right| = \left|\frac{dt}{ds}\right| \tag{3.57}$$

これらのことから, $t(\theta)$ と $t(\theta + \Delta\theta)$ を含む平面内において, t に垂直で, 曲線の凹の側に向いた単位ベクトルを n とすれば, 図 3.17 よりわかるように, dt/ds は曲線の凹側を向いているから

$$\frac{dt}{ds} = \kappa n \tag{3.58}$$

と表せる. n を主法線ベクトルと呼ぶ. この結果, 式 (3.54) の右辺第 2 項は

$$V\frac{dt}{dt} = V\frac{dt}{ds}\frac{ds}{dt} = V^2\frac{dt}{ds} = \kappa V^2 n = \frac{V^2}{\rho}n$$

となる. これを求心加速度という. V^2/ρ は等速円運動における向心加速度の大きさと一致していることがわかる. また, $b = t \times n$ を陪法線ベクトルと呼び, (t, n, b) でつくられた座標系を動座標系と呼ぶ.

例題 1 平面曲線 $y = y(x)$ に対して, 曲率を表す式を求めよ.

解答 曲線の接線の傾きを θ とすれば

$$\frac{dy}{dx} = \tan\theta$$

$$\text{ゆえに} \quad \theta = \arctan\left(\frac{dy}{dx}\right)$$

したがって

$$\frac{d\theta}{ds} = \frac{d\theta}{dx}\frac{dx}{ds} = \frac{(d/dx)(dy/dx)}{1 + (dy/dx)^2}\frac{1}{(ds/dx)}$$

一方，曲線上の点 (x, y) の位置ベクトルは

$$\boldsymbol{R} = x\boldsymbol{i} + y\boldsymbol{j}$$

したがって，$d\boldsymbol{R} = dx\boldsymbol{i} + dy\boldsymbol{j}$ であるから，式 (3.52) により

$$ds = |d\boldsymbol{R}| = \sqrt{(dx)^2 + (dy)^2}$$

よって

$$\frac{ds}{dx} = \sqrt{1 + \left(\frac{dy}{dx}\right)^2}$$

これらを用いると，式 (3.57) から曲率は

$$\frac{1}{\rho} = \left|\frac{d\theta}{ds}\right| = \pm\frac{d^2y}{dx^2}\Big/\left[1 + \left(\frac{dy}{dx}\right)^2\right]^{3/2}$$

と表せる．ただし，$\rho > 0$ だから，右辺の符号は曲線が上に凸 $(d^2y/dx^2 < 0)$ であれば $-$ を，凹 $(d^2y/dx^2 > 0)$ であれば $+$ をとる．

問 1 θ をパラメータとする曲線 $\boldsymbol{R} = a(\cos\theta\,\boldsymbol{i} + \sin\theta\,\boldsymbol{j})$ に対して，s を θ で表せ．

問 2 問 1 の曲線に対して，$(\boldsymbol{t}, \boldsymbol{n}, \boldsymbol{b})$ を θ の関数として求めよ．

練習問題 3.3

1. 平面におけるベクトル関数 $\boldsymbol{A}(t)$ と $d\boldsymbol{A}/dt$ の大きさが一定ならば，$d^2\boldsymbol{A}/dt^2$ と $\boldsymbol{A}$ とは逆向き平行になることを示せ．

2. $\boldsymbol{A}(t)$ と $\boldsymbol{B}(t)$ が平行で，また $d\boldsymbol{A}/dt$ と $\boldsymbol{B}$ が平行ならば，$\boldsymbol{A}$ と $d\boldsymbol{B}/dt$ も平行であることを示せ．

3. $\boldsymbol{A}(t)$ の向きが一定であるための必要十分条件は $\boldsymbol{A}//\boldsymbol{A}'$ であることを示せ．また，$\boldsymbol{A}//\boldsymbol{A}'$ なら $\boldsymbol{A}//\boldsymbol{A}^{(n)}$ となることを証明せよ．

4. $\dfrac{d}{dt}\Big\{\dfrac{d\boldsymbol{A}}{dt} \cdot \Big(\boldsymbol{A} \times \dfrac{d^2\boldsymbol{A}}{dt^2}\Big)\Big\}$ を計算せよ．

5. 次の連立微分方程式を解け．
$$\frac{d\boldsymbol{X}(t)}{dt} = -2\boldsymbol{Y}(t), \qquad \frac{d\boldsymbol{Y}(t)}{dt} = \boldsymbol{X}(t)$$

3.3 ベクトルの微分 161

6. $R(t) = x(t)i + y(t)j + z(t)k$ とするとき，次の微分方程式を解け．ただし，Ω は一定とする．

$$dR/dt = R \times \omega, \quad \omega = \Omega k$$

7. 位置ベクトルが $R(t) = 3ti + 2t^2j + t^3k$ で与えられるとき，$t = -1$ における単位接線ベクトルを求めよ．

8. 曲線がパラメータ t を使って $R(t) = f_1(t)i + f_2(t)j + f_3(t)k$ と表されている．$R'(t)$ が単位接線ベクトルになるのは，t が曲線の長さを表すときに限ることを示せ．

9. 楕円 $(x/a)^2 + (y/b)^2 = 1$ を，θ をパラメータとして $x = a\cos\theta, y = b\sin\theta$ と表すとき，周上の点における単位接線ベクトルを θ の関数として求めよ．

10. 曲線 $R_1(t) = \cos t\, i + \sin t\, j + 2t^2 k$ $(t > 0)$ の接線と，$R_2(\theta) = \theta j - \theta^2 k$ の接線の方向が一致するとき，t と θ の値を求めよ．

11. A，B を定ベクトル（向き，大きさが一定のベクトル）とするとき，$R(t) = f(t)A + g(t)B$ は $(R \times R') \times (R' \times R'') = 0$ を満たすことを示せ．

12. サイクロイド曲線

$$R(\theta) = a(\theta - \sin\theta)i + a(1 - \cos\theta)j \qquad (0 < \theta < 2\pi)$$

について $dR/d\theta, d^2R/d\theta^2$ を計算せよ．また，曲線の主法線ベクトル n を求めよ．n と $d^2R/d\theta^2$ の方向が一致するとき θ はいくらか．

13. 前問における曲線の長さ s を θ の関数として表せ $(0 < \theta < 2\pi)$．

14. $X(t) = X_1(t)i + X_2(t)j + X_3(t)k$ について，次の両者

$$\left|\frac{dX}{dt}\right|^2 \text{ と } \frac{d|X|^2}{dt}$$

の値を比較せよ．

15. 2 つの質点が互いに力を及ぼし合いながら運動している．このとき，運動方程式は次のように表される．

$$m_1\frac{d^2R_1}{dt^2} = F, \quad m_2\frac{d^2R_2}{dt^2} = -F, \quad F/\!/(R_1 - R_2)$$

いま

$$R_0 \equiv \frac{R_1 m_1 + R_2 m_2}{m_1 + m_2}, \quad L \equiv m_1 R_1 \times \frac{dR_1}{dt} + m_2 R_2 \times \frac{dR_2}{dt}$$

と定義すれば，$\dfrac{d^2R_0}{dt^2} = 0$，$\dfrac{dL}{dt} = 0$ となることを示せ．

16. パラメータ u によって $x = R\cos u, y = R\sin u, z = hu$ と表されるらせん曲線について考える．ここで $R, h > 0$ である．このとき，単位接線ベクトル t，曲率 κ，主法線ベクトル n，陪法線ベクトル b を求めよ．

3.4 ベクトル演算子 ナブラ

3.4.1 スカラー場の勾配

温度や密度の空間分布のように，スカラー ϕ が x, y, z の関数とする．$\partial\phi/\partial x$, $\partial\phi/\partial y$, $\partial\phi/\partial z$ はそれぞれの x, y, z 方向の勾配を表す．したがって，普段あまり意識しないが，勾配はベクトル量である．ここでナブラと呼ばれるベクトル微分演算子

$$\boldsymbol{\nabla} = \boldsymbol{i}\frac{\partial}{\partial x} + \boldsymbol{j}\frac{\partial}{\partial y} + \boldsymbol{k}\frac{\partial}{\partial z} \tag{3.59}$$

を導入すると，ϕ の勾配ベクトルは

$$\boldsymbol{\nabla}\phi = \boldsymbol{i}\frac{\partial\phi}{\partial x} + \boldsymbol{j}\frac{\partial\phi}{\partial y} + \boldsymbol{k}\frac{\partial\phi}{\partial z} \tag{3.60}$$

と書け，これを ϕ の勾配（gradient：グラディエント）といい，$\mathrm{grad}\,\phi$ とも記す．

$\boldsymbol{\nabla}\phi$ の物理的意味について考えてみよう．いま $\phi(x, y, z) = $ 一定なる面を考える．これを等ポテンシャル面と呼ぶ．例えば，ϕ が圧力であるとすると，$\phi = $ 一定の面は等圧面を表すことになる．この面内に任意の曲線 C をとり，これに沿った ϕ の変化を考える．等ポテンシャル面内では，ϕ は変化しないから，s を C に沿った長さとすると，

$$\frac{d\phi}{ds} = \frac{\partial\phi}{\partial x}\frac{dx}{ds} + \frac{\partial\phi}{\partial y}\frac{dy}{ds} + \frac{\partial\phi}{\partial z}\frac{dz}{ds} = 0$$

となる．これは $\boldsymbol{\nabla}\phi$ と曲線 C の接線ベクトル $\boldsymbol{t}$（式 (3.51) 参照）の内積と一致する．つまり

$$\begin{aligned}
\frac{d\phi}{ds} &= \frac{\partial\phi}{\partial x}\frac{dx}{ds} + \frac{\partial\phi}{\partial y}\frac{dy}{ds} + \frac{\partial\phi}{\partial z}\frac{dz}{ds} \\
&= \left(\frac{\partial\phi}{\partial x}\boldsymbol{i} + \frac{\partial\phi}{\partial y}\boldsymbol{j} + \frac{\partial\phi}{\partial z}\boldsymbol{k}\right) \cdot \left(\frac{dx}{ds}\boldsymbol{i} + \frac{dy}{ds}\boldsymbol{j} + \frac{dz}{ds}\boldsymbol{k}\right) \\
&= \boldsymbol{\nabla}\phi \cdot \frac{d\boldsymbol{R}}{ds} = \boldsymbol{\nabla}\phi \cdot \boldsymbol{t} = 0
\end{aligned} \tag{3.61}$$

上式は，$\boldsymbol{\nabla}\phi$ が等ポテンシャル面内の曲線 C に垂直であることを示している．ところが，C は等ポテンシャル面内の任意の曲線で，$\boldsymbol{\nabla}\phi$ はそれに垂直であるから，結局，$\boldsymbol{\nabla}\phi$ は等ポテンシャル面に垂直であることがわかる．このことか

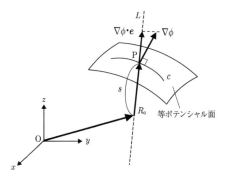

図 **3.18** 方向微分係数と等ポテンシャル面

ら，ϕ の等ポテンシャル面に垂直な単位ベクトルは，

$$\boldsymbol{n} = \frac{\boldsymbol{\nabla}\phi}{|\boldsymbol{\nabla}\phi|} \tag{3.62}$$

であり，これを単位法線ベクトルという．

図 3.18 のように点 P を通る任意の直線 L に沿って ϕ の変化を考えよう．L に沿う単位ベクトルを $\boldsymbol{e}\ (= e_1\boldsymbol{i} + e_2\boldsymbol{j} + e_3\boldsymbol{k})$，基準点 $\boldsymbol{R}_0\ (= x_0\boldsymbol{i} + y_0\boldsymbol{j} + z_0\boldsymbol{k})$ からの長さを s とすると，直線上の点 P は，

$$R(s) = R_0 + s\boldsymbol{e} = (x_0 + se_1)\boldsymbol{i} + (y_0 + se_2)\boldsymbol{j} + (z_0 + se_3)\boldsymbol{k}$$

となる．したがって $d\boldsymbol{R}/ds = \boldsymbol{e}$ となり，式 (3.61) は

$$\frac{d\phi}{ds} = \boldsymbol{\nabla}\phi \cdot \boldsymbol{e} = \frac{\partial \phi}{\partial x}e_1 + \frac{\partial \phi}{\partial y}e_2 + \frac{\partial \phi}{\partial z}e_3 \tag{3.63}$$

と表せる．これを ϕ の $\boldsymbol{e}$ 方向の方向微分係数という．この式からわかるように ϕ の直線 L に沿った変化量は，$\boldsymbol{\nabla}\phi$ の直線 L の方向への正射影で与えられることになる．点 P での $\boldsymbol{\nabla}\phi$ は L の方向によらないから，L が $\boldsymbol{\nabla}\phi$ の方向と一致するとき，方向微分係数 $d\phi/ds$ は最大となる．すなわち，$\boldsymbol{\nabla}\phi$ は ϕ の増加率が最大の方向 (当然 ϕ が増加する方向) であり，$|\boldsymbol{\nabla}\phi|$ が最大空間増加率を与える．

例題 1 静止流体中の圧力分布を $p(x, y, z)$ とするとき，辺の長さがそれぞれ Δx，Δy，Δz である微小な直方形物体に働く力を求めよ．

解答 点 O (x, y, z) から，x, y, z 軸に沿って，長さがそれぞれ Δx，Δy，Δz である直方体をとる (図 3.19)．面 OABC に働く力は，面に垂直で，y の正の

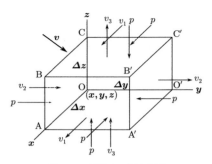

図 3.19 流体中の微小体積

方向に $p(x,y,z)\Delta x\Delta z$ である．面 $O'A'B'C'$ においては，y の負の方向に

$$p(x,y+\Delta y,z)\Delta x\Delta z \cong \left\{p(x,y,z)+\frac{\partial p}{\partial y}\bigg|_{x,y,z}\Delta y\right\}\Delta x\Delta z$$

の力が働く．したがって，直方体に働く y 方向の力は $-(\partial p/\partial y)\Delta x\Delta y\Delta z$．他の面でも同様にして，$x$ 方向に $-(\partial p/\partial x)\Delta x\Delta y\Delta z$，$z$ 方向に $-(\partial p/\partial z)\Delta x\Delta y\Delta z$ の力が働くから，この微小物体には

$$-\left(\frac{\partial p}{\partial x}\boldsymbol{i}+\frac{\partial p}{\partial y}\boldsymbol{j}+\frac{\partial p}{\partial z}\boldsymbol{k}\right)\Delta x\Delta y\Delta z = -\boldsymbol{\nabla} p\Delta x\Delta y\Delta z$$

の力が働くことになる．$\boldsymbol{\nabla} p$ は，$p(x,y,z)=$ 一定の面 (等圧面) に垂直なベクトルだから，力は等圧面に垂直に働く．

問 1 $\phi(x,y,z)=x^2+y^2+z^2$ のとき，$\boldsymbol{\nabla}\phi$ を求めよ．

3.4.2 ベクトル場の発散

式 (3.59) で定義された $\boldsymbol{\nabla}$ は一種のベクトルであるから，これと他のベクトル関数との積が定義される．たとえば，(x,y,z) のベクトル関数である

$$\boldsymbol{V} = V_1\boldsymbol{i}+V_2\boldsymbol{j}+V_3\boldsymbol{k} \tag{3.64}$$

をとり，これと $\boldsymbol{\nabla}$ とのスカラー積をつくると

$$\boldsymbol{\nabla}\cdot\boldsymbol{V} = \frac{\partial V_1}{\partial x}+\frac{\partial V_2}{\partial y}+\frac{\partial V_3}{\partial z} \tag{3.65}$$

これを $\boldsymbol{V}$ の発散 (divergence：ダイバージェンス) といい，$\mathrm{div}\boldsymbol{V}$ とも記す．

$\boldsymbol{\nabla} \cdot \boldsymbol{V}$ は $\boldsymbol{\nabla}$ と $\boldsymbol{V}$ のスカラー積ではあるが，積の順序は交換できない．実際

$$\boldsymbol{V} \cdot \boldsymbol{\nabla} = V_1 \frac{\partial}{\partial x} + V_2 \frac{\partial}{\partial y} + V_3 \frac{\partial}{\partial z}$$

であるから $\boldsymbol{V} \cdot \boldsymbol{\nabla} \neq \boldsymbol{\nabla} \cdot \boldsymbol{V}$ である．$\boldsymbol{\nabla}$ を含む計算には，それが微分演算子であることを念頭に入れておかねばならない．なお，ベクトル関数 $\boldsymbol{V}$ が定義された領域，および関数自身も含めて，ベクトル場と呼ぶ．

次に，発散の物理的な意味を考える．そのため，図 3.19 で示されているような直方体をした空間 V_0 をとり，この部分を流れる流体の出入りについて調べる．流速を $\boldsymbol{v} = (v_1, v_2, v_3)$ とし，流体の密度を ρ で一定とする．図において面 OABC から V_0 に入る流体の質量は，Δt 時間あたり

$$\rho v_2(x, y, z) \Delta x \Delta z \Delta t$$

また，面 O'A'B'C' から出ていく質量は

$$\rho v_2(x, y + \Delta y, z) \Delta x \Delta z \Delta t$$
$$\cong \left\{ \rho v_2(x, y, z) + \frac{\partial \rho v_2}{\partial y} \Big|_{x,y,z} \Delta y \right\} \Delta x \Delta z \Delta t$$

となるから，y 軸に垂直な面を横切って V_0 から出ていく質量は

$$\frac{\partial \rho v_2}{\partial y} \Delta x \Delta y \Delta z \Delta t$$

同様にして，他の面からの出入りを考えれば，V_0 から Δt 時間の間に出ていく質量は

$$\left(\frac{\partial \rho v_1}{\partial x} + \frac{\partial \rho v_2}{\partial y} + \frac{\partial \rho v_3}{\partial z} \right) \Delta x \Delta y \Delta z \Delta t = \boldsymbol{\nabla} \cdot (\rho \boldsymbol{v}) \Delta x \Delta y \Delta z \Delta t \quad (3.66)$$

となる．したがって，$\boldsymbol{V} = \rho \boldsymbol{v}$ とおけば，$\boldsymbol{\nabla} \cdot \boldsymbol{V}$ は単位体積・単位時間あたりに流体が湧き出ていく（発散する）量を表していることになる．

問 2 $\boldsymbol{V} = x/r^3 \boldsymbol{i} + y/r^3 \boldsymbol{j} + z/r^3 \boldsymbol{k}$ に対して，$\boldsymbol{\nabla} \cdot \boldsymbol{V}$ を求めよ．ただし $r^2 = x^2 + y^2 + z^2$ である．

3.4.3 ベクトル場の回転

次に，$\boldsymbol{\nabla}$ と $\boldsymbol{V}$ のベクトル積をつくる．

$$\begin{aligned}
\boldsymbol{\nabla} \times \boldsymbol{V} &= \left(\boldsymbol{i}\frac{\partial}{\partial x} + \boldsymbol{j}\frac{\partial}{\partial y} + \boldsymbol{k}\frac{\partial}{\partial z}\right) \times (V_1\boldsymbol{i} + V_2\boldsymbol{j} + V_3\boldsymbol{k}) \\
&= \boldsymbol{i}\left(\frac{\partial V_3}{\partial y} - \frac{\partial V_2}{\partial z}\right) + \boldsymbol{j}\left(\frac{\partial V_1}{\partial z} - \frac{\partial V_3}{\partial x}\right) + \boldsymbol{k}\left(\frac{\partial V_2}{\partial x} - \frac{\partial V_1}{\partial y}\right) \\
&= \begin{vmatrix} \boldsymbol{i} & \boldsymbol{j} & \boldsymbol{k} \\ \frac{\partial}{\partial x} & \frac{\partial}{\partial y} & \frac{\partial}{\partial z} \\ V_1 & V_2 & V_3 \end{vmatrix}
\end{aligned} \qquad (3.67)$$

これは $\boldsymbol{V}$ の回転 (rotation：ローテイション) と呼ばれ，rot$\boldsymbol{V}$ と記される．これはまた，curl$\boldsymbol{V}$ と記される (カールと呼ぶ) こともあり，日本以外の国では通常この呼び方が用いられる．

　この回転の物理的な意味を考える．そのため，図 3.20 で示されるような，ある軸 e まわりに一定の角速度 Ω で回転している流体について調べる．このような流体の回転は，渦の中においてみられる．原点 O を通る回転軸方向の単位ベクトルを $\boldsymbol{e}(=e_1\boldsymbol{i}+e_2\boldsymbol{j}+e_3\boldsymbol{k})$ とし，点 P の位置ベクトルを $\boldsymbol{R}(=x\boldsymbol{i}+y\boldsymbol{j}+z\boldsymbol{k})$，$\boldsymbol{e}$ と $\boldsymbol{R}$ のなす角を θ とする．流体は点 P 角速度 Ω で軸 e のまわりを等速円運動しているので，その速度の大きさは (軌道の半径)×(角速度) で $\Omega|\boldsymbol{R}|\sin\theta$ となる．一方，その向きは，位置によって異なり，$\boldsymbol{e}$ と $\boldsymbol{R}$ がなす面に直交しているので，$\boldsymbol{e}$ と $\boldsymbol{R}$ の外積により計算可能で，式 (3.22) よりその向きを示す単位ベクトルは $(\boldsymbol{e}\times\boldsymbol{R})/|\boldsymbol{R}|\sin\theta$ となる．したがって，流速 $\boldsymbol{V}$ は

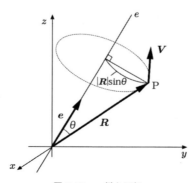

図 3.20　一様な回転

3.4 ベクトル演算子 ナブラ

$$\begin{aligned}
\boldsymbol{V} &= \Omega(\boldsymbol{e} \times \boldsymbol{R}) \\
&= \Omega \begin{vmatrix} \boldsymbol{i} & \boldsymbol{j} & \boldsymbol{k} \\ e_1 & e_2 & e_3 \\ x & y & z \end{vmatrix} = \Omega(e_2 z - e_3 y)\boldsymbol{i} + \Omega(e_3 x - e_1 z)\boldsymbol{j} + \Omega(e_1 y - e_2 x)\boldsymbol{k}
\end{aligned}$$

となる.この速度の回転をとると,

$$\begin{aligned}
\boldsymbol{\nabla} \times \boldsymbol{V} &= \Omega \begin{vmatrix} \boldsymbol{i} & \boldsymbol{j} & \boldsymbol{k} \\ \frac{\partial}{\partial x} & \frac{\partial}{\partial y} & \frac{\partial}{\partial z} \\ e_2 z - e_3 y & e_3 x - e_1 z & e_1 y - e_2 x \end{vmatrix} \\
&= 2\Omega e_1 \boldsymbol{i} + 2\Omega e_2 \boldsymbol{j} + 2\Omega e_3 \boldsymbol{k} = 2\Omega \boldsymbol{e}
\end{aligned}$$

となり,大きさが角速度の2倍で,向きが回転軸の向きとなるベクトルとなっていることがわかる.したがって,あるベクトル場 $\boldsymbol{V}$ に対して $\boldsymbol{\nabla} \times \boldsymbol{V}$ をとると,その場がもし回転するような場であれば,回転の角速度の2倍の大きさをもち,回転軸の向きをもったベクトルが得られる.

ここで強調しておきたいのは,これまでみた勾配,発散,回転といった演算は,微分演算であるので,スカラー場やベクトル場における局所的な性質を表す点である.これを説明するため,図3.21に示すようなある点の上下に速度差がある場所で $\boldsymbol{\nabla} \times \boldsymbol{V}$ を考える.この速度場を見ても,一見回転しているようには見えない.しかし,$\boldsymbol{\nabla} \times \boldsymbol{V}$ は紙面手前側を向いたベクトルを算出し,場は回転的であると判定される.これは図のように,$\boldsymbol{\nabla} \times \boldsymbol{V}$ を計算する点に小さな水車をおけば理解できる.水車の下では速度が速く,上では遅いため,水車は反時計回りに回転する.回転演算はこのように,ベクトル場に小さな水車をおいたとき,その水車が局所的に回転するか否か,回転する場合は,回転の角速度(実際には上でみたように2倍の大きさ)と回転軸の向きを計算する演

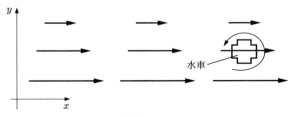

図 **3.21** 速度差のあるベクトル場

168   3 ベクトル解析

算である．なお，流体力学では回転のない流れ ($\boldsymbol{\nabla} \times \boldsymbol{v} = 0$) を渦なし流れといい，$\boldsymbol{\nabla} \times \boldsymbol{v}$ を渦度と呼んでいる．

問 3 $\boldsymbol{V} = y/(x^2 + y^2)\boldsymbol{i} - x/(x^2 + y^2)\boldsymbol{j}$ に対して，$\boldsymbol{\nabla} \times \boldsymbol{V}$ を求めよ．

3.4.4 勾配，発散，回転に関する公式

$\boldsymbol{U}$，$\boldsymbol{V}$ をベクトル関数，ϕ をスカラー関数とするとき，$\boldsymbol{\nabla}$ に関係した以下の公式はよく利用される．

$$\boldsymbol{\nabla} \times \boldsymbol{\nabla}\phi = 0 \tag{3.68}$$

$$\boldsymbol{\nabla} \cdot \boldsymbol{\nabla} \times \boldsymbol{V} = 0 \tag{3.69}$$

$$\boldsymbol{\nabla} \cdot \boldsymbol{\nabla}\phi = \boldsymbol{\nabla}^2\phi \tag{3.70}$$

$$\boldsymbol{\nabla} \cdot (\phi\boldsymbol{V}) = \phi\boldsymbol{\nabla} \cdot \boldsymbol{V} + \boldsymbol{V} \cdot \boldsymbol{\nabla}\phi \tag{3.71}$$

$$\boldsymbol{\nabla} \times (\phi\boldsymbol{V}) = \phi\boldsymbol{\nabla} \times \boldsymbol{V} + (\boldsymbol{\nabla}\phi) \times \boldsymbol{V} \tag{3.72}$$

$$\boldsymbol{\nabla} \cdot (\boldsymbol{U} \times \boldsymbol{V}) = \boldsymbol{V} \cdot (\boldsymbol{\nabla} \times \boldsymbol{U}) - \boldsymbol{U} \cdot (\boldsymbol{\nabla} \times \boldsymbol{V}) \tag{3.73}$$

$$\boldsymbol{\nabla} \times (\boldsymbol{U} \times \boldsymbol{V}) = (\boldsymbol{V} \cdot \boldsymbol{\nabla})\boldsymbol{U} - (\boldsymbol{U} \cdot \boldsymbol{\nabla})\boldsymbol{V}$$
$$+ \boldsymbol{U}(\boldsymbol{\nabla} \cdot \boldsymbol{V}) - \boldsymbol{V}(\boldsymbol{\nabla} \cdot \boldsymbol{U}) \tag{3.74}$$

$$\boldsymbol{\nabla} \times (\boldsymbol{\nabla} \times \boldsymbol{V}) = \boldsymbol{\nabla}(\boldsymbol{\nabla} \cdot \boldsymbol{V}) - \boldsymbol{\nabla}^2\boldsymbol{V} \tag{3.75}$$

$$\boldsymbol{\nabla}(\boldsymbol{U} \cdot \boldsymbol{V}) = (\boldsymbol{U} \cdot \boldsymbol{\nabla})\boldsymbol{V} + (\boldsymbol{V} \cdot \boldsymbol{\nabla})\boldsymbol{U}$$
$$+ \boldsymbol{U} \times (\boldsymbol{\nabla} \times \boldsymbol{V}) + \boldsymbol{V} \times (\boldsymbol{\nabla} \times \boldsymbol{U}) \tag{3.76}$$

$$\boldsymbol{\nabla}^2 = \boldsymbol{\nabla} \cdot \boldsymbol{\nabla} := \frac{\partial^2}{\partial x^2} + \frac{\partial^2}{\partial y^2} + \frac{\partial^2}{\partial z^2} \tag{3.77}$$

$\boldsymbol{\nabla}^2$ は Δ とも記され，Δ はラプラシアンとも呼ばれる．

例題 4 式 (3.76) を，成分に分けて比較することによって証明せよ．

解答 $\boldsymbol{U}$，$\boldsymbol{V}$ を式 (3.64) の形に表し，式 (3.76) の x 成分について考える．

$$[\boldsymbol{\nabla}(\boldsymbol{U} \cdot \boldsymbol{V})]_1 = \frac{\partial}{\partial x}(U_1 V_1 + U_2 V_2 + U_3 V_3)$$
$$= U_1\frac{\partial V_1}{\partial x} + V_1\frac{\partial U_1}{\partial x} + U_2\frac{\partial V_2}{\partial x} + V_2\frac{\partial U_2}{\partial x} + U_3\frac{\partial V_3}{\partial x} + V_3\frac{\partial U_3}{\partial x}$$

$$
\begin{aligned}
&= \left(U_1\frac{\partial}{\partial x} + U_2\frac{\partial}{\partial y} + U_3\frac{\partial}{\partial z}\right)V_1 - \left(U_2\frac{\partial}{\partial y} + U_3\frac{\partial}{\partial z}\right)V_1 \\
&\quad + \left(V_1\frac{\partial}{\partial x} + V_2\frac{\partial}{\partial y} + V_3\frac{\partial}{\partial z}\right)U_1 - \left(V_2\frac{\partial}{\partial y} + V_3\frac{\partial}{\partial z}\right)U_1 \\
&\quad + U_2\frac{\partial V_2}{\partial x} + V_2\frac{\partial U_2}{\partial x} + U_3\frac{\partial V_3}{\partial x} + V_3\frac{\partial U_3}{\partial x} \\
&= (\boldsymbol{U}\cdot\boldsymbol{\nabla})V_1 + (\boldsymbol{V}\cdot\boldsymbol{\nabla})U_1 + U_2\left(\frac{\partial V_2}{\partial x} - \frac{\partial V_1}{\partial y}\right) - U_3\left(\frac{\partial V_1}{\partial z} - \frac{\partial V_3}{\partial x}\right) \\
&\quad + V_2\left(\frac{\partial U_2}{\partial x} - \frac{\partial U_1}{\partial y}\right) - V_3\left(\frac{\partial U_1}{\partial z} - \frac{\partial U_3}{\partial x}\right) \\
&= [(\boldsymbol{U}\cdot\boldsymbol{\nabla})\boldsymbol{V}]_1 + [(\boldsymbol{V}\cdot\boldsymbol{\nabla})\boldsymbol{U}]_1 + U_2[\boldsymbol{\nabla}\times\boldsymbol{V}]_3 - U_3[\boldsymbol{\nabla}\times\boldsymbol{V}]_2 \\
&\quad + V_2[\boldsymbol{\nabla}\times\boldsymbol{U}]_3 - V_3[\boldsymbol{\nabla}\times\boldsymbol{U}]_2 \\
&= [(\boldsymbol{U}\cdot\boldsymbol{\nabla})\boldsymbol{V}]_1 + [(\boldsymbol{V}\cdot\boldsymbol{\nabla})\boldsymbol{U}]_1 \\
&\quad + [\boldsymbol{U}\times(\boldsymbol{\nabla}\times\boldsymbol{V})]_1 + [\boldsymbol{V}\times(\boldsymbol{\nabla}\times\boldsymbol{U})]_1
\end{aligned}
$$

ここで，$[\ \ ]_1$ は x 成分を意味する．他の成分も同様にして示される．

　上記の他の公式も同様に証明できるが，次のような方法も可能である．すなわち，$\boldsymbol{\nabla}$ は一種のベクトルであるからベクトル代数を利用することができる．ただし，$\boldsymbol{\nabla}$ は微分演算子であるから，その点を考慮して変形しなければならない．

　式 (3.68)：$\boldsymbol{\nabla}$ と $\boldsymbol{\nabla}$ は同じベクトルだから，ベクトル積は 0 である．

　式 (3.69)：$\boldsymbol{\nabla}\times\boldsymbol{V}$ は，$\boldsymbol{\nabla}$ に直交するベクトルだから，それと $\boldsymbol{\nabla}$ のスカラー積は 0．

　式 (3.70)：$\boldsymbol{\nabla}$ と $\boldsymbol{\nabla}$ の内積だから，ただちに得られる．

　式 (3.71)：
$$
\begin{aligned}
\boldsymbol{\nabla}\cdot(\phi\boldsymbol{V}) &= \left(\boldsymbol{i}\frac{\partial}{\partial x} + \boldsymbol{j}\frac{\partial}{\partial y} + \boldsymbol{k}\frac{\partial}{\partial z}\right)\cdot(\phi(V_1\boldsymbol{i} + V_2\boldsymbol{j} + V_3\boldsymbol{k})) \\
&= \left(\boldsymbol{i}\frac{\partial\phi}{\partial x} + \boldsymbol{j}\frac{\partial\phi}{\partial y} + \boldsymbol{k}\frac{\partial\phi}{\partial z}\right)\cdot(V_1\boldsymbol{i} + V_2\boldsymbol{j} + V_3\boldsymbol{k}) \\
&\quad + \phi\left(\boldsymbol{i}\frac{\partial}{\partial x} + \boldsymbol{j}\frac{\partial}{\partial y} + \boldsymbol{k}\frac{\partial}{\partial z}\right)\cdot(V_1\boldsymbol{i} + V_2\boldsymbol{j} + V_3\boldsymbol{k}) \\
&= (\boldsymbol{\nabla}\phi)\cdot\boldsymbol{V} + \phi(\boldsymbol{\nabla}\cdot\boldsymbol{V})
\end{aligned}
$$

　この証明からわかるように，積の関数に $\boldsymbol{\nabla}$ が作用するとき，まず，一方に $\boldsymbol{\nabla}$ を作用させたものと（このとき，他の一方は定数と考える），ついで，もう一方に $\boldsymbol{\nabla}$ を作用させたものの和で表される．スカラー関数に $\boldsymbol{\nabla}$ を作用させた結

果は，$\nabla\phi$ となる．以下，∇ の作用の及ぶ関数に ＿ をつけて表す．

式 (3.72)：$\nabla \times (\phi V) = \nabla \times (\underline{\phi} V) + \nabla \times (\phi \underline{V})$
$$= (\nabla\phi) \times V + \phi \nabla \times V$$

式 (3.73)：$\nabla \cdot (U \times V) = \nabla \cdot (\underline{U} \times V) + \nabla \cdot (U \times \underline{V})$

ここで，式 (3.34) と式 (3.33) を使えば

$$\nabla \cdot (\underline{U} \times V) = V \cdot (\nabla \times \underline{U}), \quad \nabla \cdot (U \times \underline{V}) = -U \cdot (\nabla \times \underline{V})$$

ゆえに $\quad \nabla \cdot (U \times V) = V \cdot (\nabla \times U) - U \cdot (\nabla \times V)$

式 (3.74)：$\nabla \times (U \times V) = \nabla \times (\underline{U} \times V) + \nabla \times (U \times \underline{V})$

ここで，式 (3.37) と式 (3.19) を利用して

$$\nabla \times (\underline{U} \times V) = (\nabla \cdot V)\underline{U} - (\nabla \cdot \underline{V})U = (V \cdot \nabla)\underline{U} - V(\nabla \cdot \underline{U})$$

同様に

$$\nabla \times (U \times \underline{V}) = U(\nabla \cdot \underline{V}) - (U \cdot \nabla)\underline{V}$$

したがって

$$\nabla \times (U \times V) = (V \cdot \nabla)U - (U \cdot \nabla)V + U(\nabla \cdot V) - V(\nabla \cdot U)$$

式 (3.75)：式 (3.37) を利用し，A，$A \to \nabla$，$C \to V$ とおき，初項の ∇ を，微分演算子であることを考慮して先頭に移動すると

$$\nabla \times (\nabla \times V) = \nabla(\nabla \cdot V) - (\nabla \cdot \nabla)V = \nabla(\nabla \cdot V) - \nabla^2 \cdot V$$

例題 5 $R = x\boldsymbol{i} + y\boldsymbol{j} + z\boldsymbol{k}$, $r^2 = R \cdot R = x^2 + y^2 + z^2$ とするとき，次の値を求めよ．

(1) ∇r^m (2) $\nabla \cdot (r^m R)$ (3) $\nabla^2 r^m$ (4) $\nabla \log r$ (5) $\nabla^2 \log r$
(6) $\nabla \times R$

解答 まず

$$\frac{\partial r}{\partial x} = \frac{x}{r}, \quad \frac{\partial r}{\partial y} = \frac{y}{r}, \quad \frac{\partial r}{\partial z} = \frac{z}{r}$$

である．

(1) $\dfrac{\partial r^m}{\partial x} = mr^{m-1}\dfrac{\partial r}{\partial x} = mr^{m-1}\dfrac{x}{r}$
同様に

$$\frac{\partial r^m}{\partial y} = mr^{m-1}\frac{y}{r}, \quad \frac{\partial r^m}{\partial z} = mr^{m-1}\frac{z}{r}$$

したがって

$$\boldsymbol{\nabla} r^m = mr^{m-2}(x\boldsymbol{i} + y\boldsymbol{j} + z\boldsymbol{k}) = mr^{m-2}\boldsymbol{R}$$

(2) 式 (3.71) により

$$\boldsymbol{\nabla} \cdot (r^m \boldsymbol{R}) = r^m \boldsymbol{\nabla} \cdot \boldsymbol{R} + \boldsymbol{R} \cdot \boldsymbol{\nabla} r^m$$

$$\boldsymbol{\nabla} \cdot \boldsymbol{R} = \frac{\partial x}{\partial x} + \frac{\partial y}{\partial y} + \frac{\partial z}{\partial z} = 3$$

したがって

$$\boldsymbol{\nabla} \cdot (r^m \boldsymbol{R}) = 3r^m + \boldsymbol{R} \cdot (mr^{m-2}\boldsymbol{R}) = (3+m)r^m$$

(3) $\boldsymbol{\nabla}^2 r^m = \boldsymbol{\nabla} \cdot \boldsymbol{\nabla} r^m = \boldsymbol{\nabla} \cdot (mr^{m-2}\boldsymbol{R}) = m(m+1)r^{m-2}$

(4) $\dfrac{\partial \log r}{\partial x} = \dfrac{1}{r}\dfrac{\partial r}{\partial x} = \dfrac{x}{r^2}$

同様に

$$\frac{\partial \log r}{\partial y} = \frac{y}{r^2}, \quad \frac{\partial \log r}{\partial z} = \frac{z}{r^2}$$

よって

$$\boldsymbol{\nabla} \log r = \frac{x}{r^2}\boldsymbol{i} + \frac{y}{r^2}\boldsymbol{j} + \frac{z}{r^2}\boldsymbol{k} = \frac{\boldsymbol{R}}{r^2}$$

(5) $\boldsymbol{\nabla}^2 \log r = \boldsymbol{\nabla} \cdot \boldsymbol{\nabla} \log r = \boldsymbol{\nabla} \cdot \left(\dfrac{\boldsymbol{R}}{r^2}\right) = r^{-2}$

(6) $\boldsymbol{\nabla} \times \boldsymbol{R} = \begin{vmatrix} \boldsymbol{i} & \boldsymbol{j} & \boldsymbol{k} \\ \frac{\partial}{\partial x} & \frac{\partial}{\partial y} & \frac{\partial}{\partial z} \\ x & y & z \end{vmatrix} = 0$

練習問題 3.4

1. $\boldsymbol{A}(x, y, z) = (x^2 + 3y)\boldsymbol{i} + (y^2 + 3z)\boldsymbol{j} + (z^2 + 3x)\boldsymbol{k}$ のとき，$\boldsymbol{\nabla} \cdot \boldsymbol{A}, \boldsymbol{\nabla} \times \boldsymbol{A}$ を計算せよ.

2. $\boldsymbol{A} = x^2\boldsymbol{i} + y^2\boldsymbol{j} + z^2\boldsymbol{k}$, $\boldsymbol{B} = yz\boldsymbol{i} + zx\boldsymbol{j} + xy\boldsymbol{k}$ ととるとき，$\boldsymbol{\nabla}(\boldsymbol{A} \cdot \boldsymbol{B})$, $\boldsymbol{\nabla} \cdot (\boldsymbol{A} \times \boldsymbol{B})$, $\boldsymbol{\nabla} \times (\boldsymbol{A} \times \boldsymbol{B})$ を計算せよ.

3. $f(x, y, z) = e^{-\kappa r}/r$, $(r = \sqrt{x^2 + y^2 + z^2})$ とする. $\boldsymbol{\nabla} f$, $\boldsymbol{\nabla}^2 f$ を計算せよ.

4. $R = xi + yj + zk$ とするとき，任意のベクトル $F(x, y, z)$ に対して $(F \cdot \nabla)R = F$ を証明せよ．

5. A を定ベクトル，$R = xi + yj + zk$ とするとき，$\nabla \times (A \times (A \times R)) = 0$ を示せ．

6. u が $f(x, y, z)$ だけの関数のとき，$\nabla u(f) = du/df \nabla f$ であることを示せ．

7. $f(r)$ が $r(= \sqrt{x^2 + y^2 + z^2})$ だけの関数のとき，$\nabla \times (Rf(r)) = 0$ を示せ．また，$f(r) = r^{-3}$ のとき $\nabla \cdot (Rf(r)) = 0$ となることをを示せ．

8. ベクトル $A(x, y, z)$ に対して $(A \cdot \nabla)A = \frac{1}{2}\nabla A^2 - A \times (\nabla \times A)$ を示せ．

9. $\nabla \cdot A = 0$ のとき，$\omega = \nabla \times A$ とおくと $\nabla \times \{(A \cdot \nabla)A\} = -(\omega \cdot \nabla)A + (A \cdot \nabla)\omega$ となることを示せ．

10. $\triangle A$ と $\nabla(\nabla \cdot A)$ を成分で表せ．スカラー関数 φ で $A = \nabla\varphi$ と書けるとき，∇A と $\nabla(\nabla \cdot A)$ が一致することを確かめよ．

11. $A = f(x)i + g(y)j + h(z)k$ とする．$\nabla \cdot A = 0$ であるとき，A を求めよ．

12. $A = f(y)i + g(z)j + h(x)k$ とする．$\nabla \times A = 2i - 3j$ であるとき，A を求めよ．

13. 曲面 $x^3 - 2x^2y + 4z = 3$ 上の点 $(1, 1, 1)$ における単位法線ベクトルを求め，この点での接平面の方程式を求めよ．

14. 曲面 $x^2/3 + y^2/9 + z^2/27 = 2$ 上の 2 点 $(\sqrt{2}, 3, 3)$ と $(\sqrt{3}, 3, 0)$ での法線ベクトルの間のなす角を求めよ．

15. $\nabla\phi$ および $\nabla \cdot V$ が座標系のとり方によらないことを示せ．

3.5 ベクトルの積分

3.5.1 スカラー関数・ベクトル関数の線積分

力の作用のもとで運動する質点になされる仕事，ある領域内に流れ込む流体の量の計算などにおいて，スカラー関数，ベクトル関数のいろいろな積分が必要になってくる．その中で，まず線積分について考える．

接線ベクトルが連続的に変化する曲線を滑らかな**曲線**という．以下では，滑らかな曲線を考える．点 P, Q を結ぶ曲線 C をとり，それを n 個の小区間に分割する (図 3.22)．C 上において，連続なスカラー関数 $f(x, y, z)$ が定義されているとして，第 i 番目の小区間の長さを Δs_i，その区間におけるスカラーの値を $f_i(x_i, y_i, z_i)$ として，次の和をつくる．

3.5 ベクトルの積分

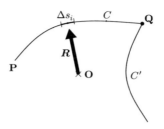

図 3.22 線積分

$$\sum_{i=1}^{n} f(x_i, y_i, z_i)\Delta s_i \tag{3.78}$$

Δs_i のうち，最大のものが 0 になるように，分割の数 n を増やしていくとき，式 (3.78) の極限を C に沿っての**線積分**といい

$$J = \int_C f(x,y,z)ds = \int_P^Q f(x,y,z)ds = \int_{P \to Q} f(x,y,z)ds \tag{3.79}$$

と表す．ここで，ds は小区間の長さで，式 (3.52) により表される．$f(x,y,z)=1$ ととれば，J は C に沿う微小な弧の長さの和を表すから，これは曲線 C の長さに他ならない．すなわち，C の長さは

$$L = \int_C ds = \int_C \sqrt{dx^2 + dy^2 + dz^2} \tag{3.80}$$

このように，曲線に沿っての線積分は，直線 (x 軸) に沿う通常の積分の拡張であることがわかる (図 3.23)．通常の積分の場合と同じく，C 上の途中に点 R をとれば

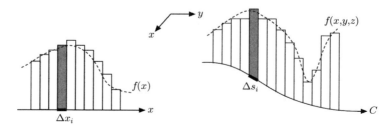

図 3.23 $y=f(x)$ の積分と線積分の対応

$$\int_P^Q f(x,y,z)ds = \int_P^R f(x,y,z)ds + \int_R^Q f(x,y,z)ds \qquad (3.81)$$

曲線 C は位置ベクトルにパラメータ t を導入して表すことが可能で，$\boldsymbol{R}(t) = x(t)\boldsymbol{i} + y(t)\boldsymbol{j} + z(t)\boldsymbol{k}$ と書ける．C の両端 P，Q での t の値が，それぞれ t_1, t_2 であるとすれば，J は，式 (3.52) により

$$J = \int_{t_1}^{t_2} f(x(t), y(t), z(t))\frac{ds}{dt}dt$$

$$= \int_{t_1}^{t_2} f(x(t), y(t), z(t))\sqrt{\left(\frac{dx}{dt}\right)^2 + \left(\frac{dy}{dt}\right)^2 + \left(\frac{dz}{dt}\right)^2}dt \qquad (3.82)$$

上式で $f(x,y,z) = 1$ ととれば曲線の長さ L が得られる．

ベクトル関数 $\boldsymbol{V}(x,y,z) = V_1\boldsymbol{i} + V_2\boldsymbol{j} + V_3\boldsymbol{k}$ の線積分は．

$$J = \int_C \boldsymbol{V} \cdot \boldsymbol{t}ds = \int_C V_t ds \qquad (3.83)$$

のように $\boldsymbol{V}$ と曲線 C の単位接線ベクトル $\boldsymbol{t}$ との内積がつくるスカラー関数 $V_t(x,y,z)(= \boldsymbol{V} \cdot \boldsymbol{t})$ の曲線 C に沿った線積分として定義される．式 (3.51) を使えば，上式は

$$J = \int_C \boldsymbol{V} \cdot d\boldsymbol{R} = \int_C (V_1 dx + V_2 dy + V_3 dz) \qquad (3.84)$$

とも書ける．

なお，上の定義では曲線は滑らかとしたが，滑らかな曲線の有限個の和でできている曲線（これを区分的に滑らかな曲線という）に対しても，線積分は定義される．たとえば，図 3.22 のように，曲線が C と C' からできている場合，J は

$$J = \int_C f(x,y,z)ds + \int_{C'} f(x,y,z)ds \qquad (3.85)$$

なお線積分は曲線に沿っての積分だから，両端の点 P，Q が一致していても，経路 C が異なる 2 つの積分の値は一般に異なる．このことは，次の例によって明らかにできる．

例題1 力 $\boldsymbol{F}(x,y,z) = x^2\boldsymbol{i} - 2xz\boldsymbol{j} + y^2\boldsymbol{k}$ の作用のもとで，質点が，以下に与えられた経路に沿って，原点 O から点 P $(1,1,1)$ まで移動した．このとき，力

のなした仕事 W を求めよ．ただし，力 $\boldsymbol{F}$ の作用のもとで，$d\boldsymbol{R}$ だけ移動したとすると，仕事は $dW = \boldsymbol{F} \cdot d\boldsymbol{R}$ で表される．

i)　O から A (1,1,0) までの直線 C_1 と，さらに，A から P までの直線 C_2 を通る経路．

ii)　O から P までの直線 C に沿う経路．

解答　i)　まず，C_1 上では，OA を表すベクトルの方向余弦は，それに沿う単位ベクトルの各成分であるから，$(1/\sqrt{2}, 1/\sqrt{2}, 0)$ となる．したがって，O からの長さ s と x, y, z との関係は，$x = s/\sqrt{2}$, $y = s/\sqrt{2}$, $z = 0$. したがって，$d\boldsymbol{R} = dx\boldsymbol{i} + dy\boldsymbol{j} + dz\boldsymbol{k} = (\boldsymbol{i}/\sqrt{2} + \boldsymbol{j}/\sqrt{2})ds$ である．これより

$$W_1 = \int_{C_1} \boldsymbol{F} \cdot d\boldsymbol{R} = \int_0^{\sqrt{2}} \left(\frac{s^2}{2}\boldsymbol{i} + \frac{s^2}{2}\boldsymbol{k} \right) \cdot \left(\frac{\boldsymbol{i}}{\sqrt{2}} + \frac{\boldsymbol{j}}{\sqrt{2}} \right) ds$$
$$= \frac{1}{2\sqrt{2}} \int_0^{\sqrt{2}} s^2 ds = \frac{1}{2\sqrt{2}} \left[\frac{s^3}{3} \right]_0^{\sqrt{2}} = \frac{1}{3}$$

次に，C_2 上においては，$x = 1, y = 1, z = s$ であり，$dx = dy = 0, dz = ds$ だから

$$W_2 = \int_{C_2} \boldsymbol{F} \cdot d\boldsymbol{R} = \int_0^1 (\boldsymbol{i} - 2s\boldsymbol{j} + \boldsymbol{k}) \cdot (\boldsymbol{k} ds) = \int_0^1 ds = 1$$

したがって，

$$W = W_1 + W_2 = \frac{4}{3}$$

ii)　OP を表すベクトルの方向余弦は $(1/\sqrt{3}, 1/\sqrt{3}, 1/\sqrt{3})$ であるから，s と x, y, z の関係は，$x = s/\sqrt{3}$, $y = s/\sqrt{3}$, $z = s/\sqrt{3}$, したがって，$d\boldsymbol{R} = (\boldsymbol{i} + \boldsymbol{j} + \boldsymbol{k})ds/\sqrt{3}$. これより

$$W = \int_0^{\sqrt{3}} \left(\frac{s^2}{3}\boldsymbol{i} - 2\frac{s^2}{3}\boldsymbol{j} + \frac{s^2}{3}\boldsymbol{k} \right) \cdot (\boldsymbol{i} + \boldsymbol{j} + \boldsymbol{k}) \frac{ds}{\sqrt{3}} = 0$$

i) と ii) の線積分の値（仕事）を比較するとそれぞれ異なっており，始点と終点が一致していても，経路が異なると値が異なることがわかる．

なお，$\boldsymbol{\nabla} \times \boldsymbol{F} = 0$ の場合，W の値は積分経路に依存しないことが，ストークスの定理 (3.5.4 項参照) を用いることによって証明される．このとき，スカラー関数 Φ が存在して

$$\boldsymbol{F} = \boldsymbol{\nabla}\Phi$$

と表せることが知られている．なお，Φ をポテンシャルと呼ぶ．

問 1 $\boldsymbol{F}$ が，スカラー関数 Φ によって $\boldsymbol{F} = \boldsymbol{\nabla}\Phi$ と表されるとき，$\boldsymbol{\nabla} \times \boldsymbol{F} = 0$ となることを示せ．

3.5.2 面 積 分

曲面の法線ベクトルが連続的に変わるとき，その曲面を滑らかな曲面という．以下においては，滑らかな曲面を考える．空間に曲面 S と連続なスカラー関数 $f(x,y,z)$ が定義されているとする．S を適当に n 個の要素 (小部分) に分割して，第 i 番目の要素の面積を ΔS_i とし，その上に点 (x_i, y_i, z_i) をとる．このとき，次の和を考える．

$$\sum_{i=1}^{n} f(x_i, y_i, z_i)\Delta S_i \tag{3.86}$$

ΔS_i のうち，最大のものを 0 にするように分割の数を増すとき，上式の極限を

$$J = \iint_S f(x,y,z)dS \tag{3.87}$$

と記す．これを S 上の**面積分**といい，dS を面積要素と呼ぶ．$f(x,y,z) = 1$ のときには，S の面積を表す．

図 3.24 で示されているように，xy 面に 4 点 $Q_1 : (x,y)$，$Q_2 : (x + \Delta x, y)$，$Q_3 : (x + \Delta x, y + \Delta y)$，$Q_4 : (x, y + \Delta y)$ をとり，この点に立てた垂線と曲面

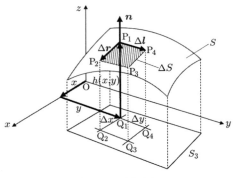

図 3.24 面積要素

S との交点はそれぞれ 1 個だけとして，それを P_1，P_2，P_3，P_4 とする．曲面の方程式を

$$\phi(x, y, z) = z - h(x, y) = 0 \tag{3.88}$$

と表せば

$$\boldsymbol{\nabla}\phi = -\frac{\partial h}{\partial x}\boldsymbol{i} - \frac{\partial h}{\partial y}\boldsymbol{j} + \boldsymbol{k}$$

であるから，点 P_1 での曲面の法線ベクトルは，式 (3.62) により

$$\boldsymbol{n} = \left(-\frac{\partial h}{\partial x}\boldsymbol{i} - \frac{\partial h}{\partial y}\boldsymbol{j} + \boldsymbol{k}\right) \Big/ \sqrt{\left(\frac{\partial h}{\partial x}\right)^2 + \left(\frac{\partial h}{\partial y}\right)^2 + 1} \tag{3.89}$$

となる．このとき，$\boldsymbol{n} \cdot \boldsymbol{k} > 0$ であるから，$\boldsymbol{n}$ は z 軸と鋭角をなす方向にとられている．一方，曲面上の 2 点 P_1，P_2 を結ぶベクトルを $\Delta\boldsymbol{r}$ とすると，その x, y, z 成分はそれぞれ Δx, 0, $h(x + \Delta x, y) - h(x, y)$ であるから

$$\Delta\boldsymbol{r} = \Delta x\boldsymbol{i} + \{h(x + \Delta x, y) - h(x, y)\}\boldsymbol{k} \tag{3.90}$$

と表せる．同様に，P_1，P_4 を結ぶベクトルは

$$\Delta\boldsymbol{l} = \Delta y\boldsymbol{j} + \{h(x, y + \Delta y) - h(x, y)\}\boldsymbol{k}$$

となる．$\Delta\boldsymbol{r}$ と $\Delta\boldsymbol{l}$ のベクトル積をつくれば，これは $\overline{P_1P_2}, \overline{P_1P_4}$ を 2 辺とする平行四辺形の面積の大きさをもつ．

$$\begin{aligned}
\Delta\boldsymbol{S} = \Delta\boldsymbol{r} \times \Delta\boldsymbol{l} &= \begin{vmatrix} \boldsymbol{i} & \boldsymbol{j} & \boldsymbol{k} \\ \Delta x & 0 & h(x + \Delta x, y) - h(x, y) \\ 0 & \Delta y & h(x, y + \Delta y) - h(x, y) \end{vmatrix} \\
&= \Delta x \Delta y\Big\{-\frac{h(x + \Delta x, y) - h(x, y)}{\Delta x}\boldsymbol{i} \\
&\quad -\frac{h(x, y + \Delta y) - h(x, y)}{\Delta y}\boldsymbol{j} + \boldsymbol{k}\Big\}
\end{aligned}$$

ここで，$\Delta x \to 0$，$\Delta y \to 0$ の極限をとれば

$$d\boldsymbol{S} = dx dy\Big\{-\frac{\partial h}{\partial x}\boldsymbol{i} - \frac{\partial h}{\partial y}\boldsymbol{j} + \boldsymbol{k}\Big\} = d\boldsymbol{r} \times d\boldsymbol{l} \tag{3.91}$$

式 (3.89) により，これはまた

$$d\boldsymbol{S} = dxdy\sqrt{\left(\frac{\partial h}{\partial x}\right)^2 + \left(\frac{\partial h}{\partial y}\right)^2 + 1}\,\boldsymbol{n} = drdl\sin\theta\boldsymbol{n} \qquad (3.92)$$

と書ける．ただし，$dr = |d\boldsymbol{r}|, dl = |d\boldsymbol{l}|$ であり，θ は $d\boldsymbol{r}$ と $d\boldsymbol{l}$ のなす角である．したがって，曲面上の微小な面積の大きさは

$$dS = |d\boldsymbol{S}| = dxdy\sqrt{\left(\frac{\partial h}{\partial x}\right)^2 + \left(\frac{\partial h}{\partial y}\right)^2 + 1} = drdl\sin\theta \qquad (3.93)$$

$d\boldsymbol{S} = dS\boldsymbol{n}$ をベクトル面積要素と呼ぶ．$d\boldsymbol{S}$ と $\boldsymbol{i}, \boldsymbol{j}$ および $\boldsymbol{k}$ の内積をとると，dS は次のように書き直される．

$$dS = -\frac{(\partial h/\partial x)}{(\boldsymbol{n} \cdot \boldsymbol{i})}dxdy = -\frac{(\partial h/\partial y)}{(\boldsymbol{n} \cdot \boldsymbol{j})}dxdy = \frac{dxdy}{(\boldsymbol{n} \cdot \boldsymbol{k})} \qquad (3.94)$$

式 (3.93) あるいは式 (3.94) は，S 上の面積要素と，それの xy 面への正射影である $dxdy$ とを関係づける式である．この関係を用いると，S 上の面積分は xy 面上の面積分に直せる．すなわち式 (3.87) は，式 (3.88)，(3.94) により

$$J = \iint_{S_3} f(x, y, h(x, y))\frac{dxdy}{(\boldsymbol{n} \cdot \boldsymbol{k})} \qquad (3.95)$$

ただし，S_3 は曲面 S の xy 面への正射影である．式 (3.94) と同様の関係が，dS とその yz 面への正射影である $dydz$，および xz 面への正射影である $dxdz$ との間にも成り立つ．それらは，式 (3.94) の右辺最後の関係式を導いたときと同様にして

$$dS = \frac{dydz}{(\boldsymbol{n} \cdot \boldsymbol{i})} = \frac{dxdz}{(\boldsymbol{n} \cdot \boldsymbol{j})} \qquad (3.96)$$

となる．

ベクトル関数 $\boldsymbol{V}(x, y, z)$ の面積分は，

$$J = \iint_S \boldsymbol{V} \cdot \boldsymbol{n}\,dS = \iint_S V_n dS$$

のように $\boldsymbol{V}$ と曲面 S の単位法線ベクトル $\boldsymbol{n}$ との内積がつくるスカラー関数

$V_n(x, y, z)(= \boldsymbol{V} \cdot \boldsymbol{n})$ の曲面 S 上での面積分として定義される．上式は，ベクトル面積要素 $d\boldsymbol{S}\ (= \boldsymbol{n}dS)$ を使って次のように表すことも可能で，

$$J = \iint_S \boldsymbol{V} \cdot d\boldsymbol{S} = \iint (V_1 dS_1 + V_2 dS_2 + V_3 dS_3) \qquad (3.97)$$

式 (3.91) を使えば，上式は

$$J = \iint_{S_3} \left(-V_1 \frac{\partial h}{\partial x} dxdy - V_2 \frac{\partial h}{\partial y} dxdy + V_3 dxdy \right)$$

とも書ける．

なお，$\boldsymbol{V} = \boldsymbol{n}$ ならば J は S の面積を表す．

いままでは，滑らかな曲面に対して面積分を議論してきたが，滑らかな曲面を有限個つなぎ合わせた曲面 (これを区分的に滑らかな曲面という) に対しても面積分を定義することができる．このときの面積分は，それぞれの滑らかな曲面の面積分の和として表される．

例題 2　流れの中に球面 $x^2 + y^2 + z^2 = 1$ をとり，そのうち，$x \geq 0$，$y \geq 0$，$z \geq 0$ の部分を S とする．S 上において，流速 $\boldsymbol{v}$ が $\boldsymbol{v} = yz\boldsymbol{i} + zx\boldsymbol{j} + xy\boldsymbol{k}$ であるとする．このとき，S を貫いて流れる流体の，単位時間あたりの量を計算せよ．

解答　球面 $\phi(x, y, z) = x^2 + y^2 + z^2 - 1 = 0$ と表すとき，S 上の単位法線ベクトル $\boldsymbol{n}$ は式 (3.62) により

$$\boldsymbol{n} = \frac{\boldsymbol{\nabla}\phi}{|\boldsymbol{\nabla}\phi|} = \frac{2(x\boldsymbol{i} + y\boldsymbol{j} + z\boldsymbol{k})}{2\sqrt{x^2 + y^2 + z^2}} = x\boldsymbol{i} + y\boldsymbol{j} + z\boldsymbol{k}$$

である．面要素 dS を貫いて，単位時間に流れる流体の量は，流速の，面に垂直な成分 $v_n = \boldsymbol{v} \cdot \boldsymbol{n}$ と面要素 dS の積である．したがって

$$\begin{aligned} J &= \iint_S \boldsymbol{v} \cdot \boldsymbol{n} dS = \iint_S (yz\boldsymbol{i} + zx\boldsymbol{j} + xy\boldsymbol{k}) \cdot (x\boldsymbol{i} + y\boldsymbol{j} + z\boldsymbol{k})dS \\ &= 3\iint_S xyz dS \end{aligned}$$

となる．式 (3.94) により，dS と $dxdy$ の関係は

$$dS = \frac{dxdy}{z}$$

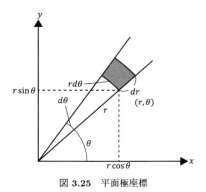

図 3.25 平面極座標

これを，J の式に代入して

$$J = 3\iint_S xyz dS = 3\iint_{S_3} xy dS_3 \tag{3.98}$$

ただし，S_3 は S の xy 面への正射影であり，$x \geq 0$, $y \geq 0$, $x^2 + y^2 \leq 1$ で表される領域を占める．また，dS_3 は xy 面での面積要素である．ここで，(x,y) 座標から，平面極座標といわれる (r,θ) 座標に変換する．r は原点からの直線に沿っての距離，θ はその直線と x 軸のなす角である (図 3.25)．したがって，(r,θ) と (x,y) との関係は

$$x = r\cos\theta, \quad y = r\sin\theta$$

となる．また，(r,θ) の点から，r を dr だけ，θ を $d\theta$ だけ変えたときにできる微小面積の大きさ，すなわち，面積要素 dS_3 は

$$dS_3 = r dr d\theta \tag{3.99}$$

である．積分範囲は，半径 1 の円内で，第 1 象限の部分であるから，$0 \leq \theta \leq \pi/2, 0 \leq r \leq 1$ であり，したがって

$$J = 3\int_0^1 r dr \int_0^{\pi/2} (r\cos\theta)(r\sin\theta) d\theta = 3\left[\frac{r^4}{4}\right]_0^1 \left[\frac{1}{2}\sin^2\theta\right]_0^{\pi/2} = \frac{3}{8} \tag{3.100}$$

3.5.3 体　積　分

閉曲面 S で囲まれた領域を V とする．V を適当に n 個の要素 (小部分) に分

割し，第 i 番目の微小体積を ΔV_i とする．この中に点 (x_i, y_i, z_i) をとり，連続なスカラー関数 $f(x, y, z)$ に対し，次の和をつくる．

$$\sum_{i=1}^{n} f(x_i, y_i, z_i) \Delta V_i \tag{3.101}$$

ΔV_i のうち，最大のものを 0 にするように分割の数を増すとき，上式の極限を

$$K = \iiint_V f(x, y, z) dV \tag{3.102}$$

と書き，V における**体積分**という．dV は体積要素と呼ばれ，たとえば $dxdydz$ のように微小体積を表す．$f(x, y, z) = 1$ なら，K は V の体積を表す．

例題 3 原点を中心とした，半径 1 の球の $x \geq 0, y \geq 0, z \geq 0$ の部分を V とする．このとき，次の体積分を求めよ．

$$K = \iiint_V xyz \, dV$$

解答 積分は $x^2 + y^2 + z^2 \leq 1$，$x \geq 0$，$y \geq 0$，$z \geq 0$ の領域 V で行われる．ここで球座標を定義する．

図 3.26 に示されているように，原点 O を通り長さ r の直線 OP をとる．OP と z 軸のなす角を θ とし，OP の xy 面への正射影が x となす角を φ とする．こ

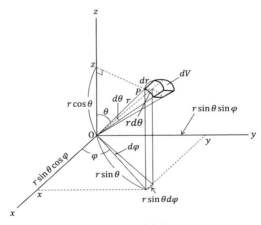

図 **3.26** 球座標

のとき，(r, θ, φ) を球座標という．図より明らかなように (x, y, z) との関係は

$$x = r \sin \theta \cos \varphi$$
$$y = r \sin \theta \sin \varphi$$
$$z = r \cos \theta$$

である．また，(r, θ, φ) の点から，r を dr，θ を $d\theta$，φ を $d\varphi$ だけ変えたときにできる微小領域は，近似的に，辺の長さがそれぞれ dr，$rd\theta$，$r \sin \theta d\varphi$ の直方体に等しいから，その体積は

$$dV = r^2 \sin \theta dr d\theta d\varphi$$

である．積分範囲は，$0 \le r \le 1$，$0 \le \theta \le \pi/2$，$0 \le \varphi \le \pi/2$ であるから

$$
\begin{aligned}
K &= \int_0^1 r^2 dr \int_0^{\pi/2} \sin \theta d\theta \int_0^{\pi/2} (r \sin \theta \cos \varphi)(r \sin \theta \sin \varphi)(r \cos \theta) d\varphi \\
&= \int_0^1 r^5 dr \int_0^{\pi/2} \sin^3 \theta \cos \theta d\theta \int_0^{\pi/2} \sin \varphi \cos \varphi d\varphi \\
&= \left[\frac{r^6}{6} \right]_0^1 \left[\frac{1}{4} \sin^4 \theta \right]_0^{\pi/2} \left[\frac{1}{2} \sin^2 \varphi \right]_0^{\pi/2} = \frac{1}{48}
\end{aligned}
$$

3.5.4　ガウスの発散定理（体積分と面積分の変換）

3.4.3 項で述べたようにスカラー場の勾配，ベクトル場の発散，回転といった演算は場の局所的な性質を表している．しかしながら，これら演算にベクトルの積分を適用することで，有限の大きさをもった領域にこれら演算を拡張することが可能となる．ここではベクトル場 $\boldsymbol{V}$ の発散 $\boldsymbol{\nabla} \cdot \boldsymbol{V}$ に着目しよう．議論を簡単化するため，図 3.27 に示すような平面上に着目点 (x, y) を設け，そのまわりに小さな箱を用意する．着目点において速度は $\boldsymbol{V}(x, y) = u(x, y)\boldsymbol{i} + v(x, y)\boldsymbol{j}$ である．2 次元平面上での発散は

$$
\begin{aligned}
\boldsymbol{\nabla} \cdot \boldsymbol{V} &= \frac{\partial u}{\partial x} + \frac{\partial v}{\partial y} \\
&= \lim_{\Delta x, \Delta y \to 0} \left(\frac{u\left(x + \frac{1}{2}\Delta x, y\right) - u\left(x - \frac{1}{2}\Delta x, y\right)}{\Delta x} \right. \\
&\quad \left. + \frac{v\left(x, y + \frac{1}{2}\Delta y\right) - v\left(x, y - \frac{1}{2}\Delta y\right)}{\Delta y} \right)
\end{aligned}
$$

3.5 ベクトルの積分

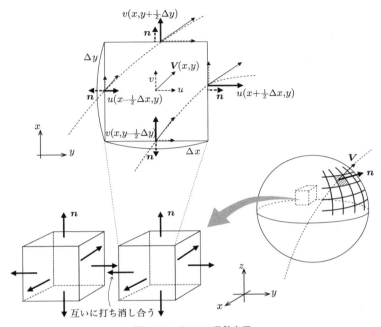

図 3.27 ガウスの発散定理

となる．これに箱の面積 $dS = \Delta x \Delta y$ を乗じると，

$$\nabla \cdot \boldsymbol{V}\, dS$$
$$= \left[u\left(x+\frac{1}{2}\Delta x, y\right) - u\left(x-\frac{1}{2}\Delta x, y\right)\right]\Delta y + \left[v\left(x, y+\frac{1}{2}\Delta y\right) - v\left(x, y-\frac{1}{2}\Delta y\right)\right]\Delta x$$

となる．なお上式では極限記号は見やすさの観点から省略している．箱の各辺における法線ベクトル $\boldsymbol{n}$ が箱の外側を向くことを考慮し，$\Delta x, \Delta y$ が箱を取り囲む閉曲線の長さは ds であるので，

$$\nabla \cdot \boldsymbol{V}\, dS = \boldsymbol{V} \cdot \boldsymbol{n}\, ds$$

となる．上式は微小な平面に関して成り立つ式であるが，奥行き Δz の小さな立方体として考えれば，微小面積要素 dS は微小体積要素 dV に，微小線要素 ds は微小面積要素 dS に変換される．

$$\nabla \cdot \boldsymbol{V}\, dV = \boldsymbol{V} \cdot \boldsymbol{n}\, dS \tag{3.103}$$

有限の大きさをもった任意形状の領域も，微小な直方体に区切ることが可能で，

それぞれに式 (3.103) を適用し，これらの和をとる．右辺の面積分では，領域内部では各微小体積要素が共有する面の法線ベクトルが互いに逆向きであるため互いに打ち消し合う．その結果，積分値として残るのは，領域を形成する閉曲面 S 上における積分のみとなる．したがって，式 (3.103) は

$$\iiint_V \boldsymbol{\nabla} \cdot \boldsymbol{V} \, dV = \iint_S \boldsymbol{V} \cdot \boldsymbol{n} \, dS \tag{3.104}$$

となる．これをガウスの発散定理と呼ぶ．この式からわかるように，体積分はガウスの発散定理を通じて面積分に変換される．この定理の物理的意味は，部屋の中に蛇口が複数個あり，部屋が水で満たされている状態を想像すれば容易に理解できる．蛇口から出る水が局所的な発散（湧き出し）を表しており，これらを足し合わせ，全蛇口から湧き出す水の量を計算するのが式 (3.104) の左辺である．部屋はもともと水で満たされているので湧き出した水の分だけ，部屋の扉や窓といった境界面を通じて水は出て行く．これが式 (3.104) の右辺である．結局，場の局所的性質を表す $\boldsymbol{\nabla} \cdot \boldsymbol{V}$ を，有限の領域に拡張したのが，$\iint_S \boldsymbol{V} \cdot \boldsymbol{n} \, dS$ である（図 3.28 参照）．

ガウスの発散定理をもとにして，以下の公式が導かれる．ただし，$\boldsymbol{g}$ は任意のベクトル関数，ϕ は任意のスカラー関数である．

$$\iint_S \phi \boldsymbol{n} \, dS = \iiint_V \boldsymbol{\nabla} \phi \, dV \tag{3.105}$$

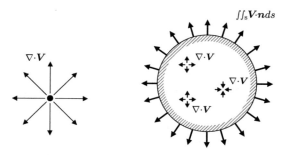

図 3.28　$\boldsymbol{\nabla} \cdot \boldsymbol{V}$ の局所性と発散定理の大域性

$$\iint_S \boldsymbol{n} \cdot \boldsymbol{\nabla} \phi dS = \iiint_V \boldsymbol{\nabla}^2 \phi dV \tag{3.106}$$

$$\iint_S \boldsymbol{n} \times \boldsymbol{f} dS = \iiint_V \boldsymbol{\nabla} \times \boldsymbol{f} dV \tag{3.107}$$

$$\iint_S (\boldsymbol{n} \cdot \boldsymbol{\nabla}) \boldsymbol{f} dS = \iiint_V \boldsymbol{\nabla}^2 \boldsymbol{f} dV \tag{3.108}$$

$$\iint_S \boldsymbol{g}(\boldsymbol{f} \cdot \boldsymbol{n}) dS = \iiint_V \{\boldsymbol{g}(\boldsymbol{\nabla} \cdot \boldsymbol{f}) + (\boldsymbol{f} \cdot \boldsymbol{\nabla})\boldsymbol{g}\} dV \tag{3.109}$$

証明は練習問題として残されている.

3.5.5 ストークスの定理（面積分と線積分の変換）

次にベクトル場 $\boldsymbol{V}$ の回転 $\boldsymbol{\nabla} \times \boldsymbol{V}$ に着目しよう．ガウスの発散定理と同様に議論を簡単化するため，図 3.29 に示すような平面上に着目点 (x,y) を設け，そのまわりに小さな箱を用意する．2 次元平面上での回転は

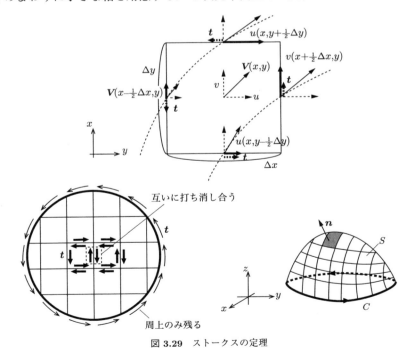

図 3.29 ストークスの定理

$$\boldsymbol{\nabla} \times \boldsymbol{V} = \left(\frac{\partial v}{\partial x} - \frac{\partial u}{\partial y}\right)\boldsymbol{k}$$

$$= \lim_{\Delta x, \Delta y \to 0}\left(\frac{v\left(x+\frac{1}{2}\Delta x, y\right) - v\left(x-\frac{1}{2}\Delta x, y\right)}{\Delta x}\right.$$

$$\left. - \frac{u\left(x, y+\frac{1}{2}\Delta y\right) - u\left(x, y-\frac{1}{2}\Delta y\right)}{\Delta y}\right)\boldsymbol{k}$$

となる．これと箱のベクトル面積要素 $d\boldsymbol{S}$ との内積を考える．いま箱は x–y 平面上にあるので，ベクトル面積要素は式 (3.91) において，$h = 0$ を代入すれば，$d\boldsymbol{S} = \Delta x \Delta y \boldsymbol{k}$ となる．したがって，

$$(\boldsymbol{\nabla} \times \boldsymbol{V}) \cdot d\boldsymbol{S} = \left[v\left(x+\frac{1}{2}\Delta x, y\right) - v\left(x-\frac{1}{2}\Delta x, y\right)\right]\Delta y$$

$$- \left[u\left(x, y+\frac{1}{2}\Delta y\right) - u\left(x, y-\frac{1}{2}\Delta y\right)\right]\Delta x$$

$$= u\left(x, y-\frac{1}{2}\Delta y\right)\Delta x + v\left(x+\frac{1}{2}\Delta x, y\right)\Delta y$$

$$- u\left(x, y+\frac{1}{2}\Delta y\right)\Delta x - v\left(x-\frac{1}{2}\Delta x, y\right)\Delta y$$

となる．箱を囲む各線の接線ベクトルの向きを考慮すると，$\Delta x, \Delta y$ が箱を取り囲む閉曲線の長さが ds であるので，右辺第 1 項は $\boldsymbol{V}$ の経路 A→B における線積分，第 2, 3, 4 項はそれぞれ，B→C，C→D，D→A の線積分で，これは微小面積要素の 4 辺を回る経路上の線積分に他ならないことがわかる．したがって，

$$(\boldsymbol{\nabla} \times \boldsymbol{V}) \cdot d\boldsymbol{S} = \boldsymbol{V} \cdot \boldsymbol{t}\, ds \tag{3.110}$$

となる．これもガウスの発散定理と同様に，有限の大きさをもった任意の平面へ拡張できる．任意の平面を碁盤の目のように微小な四角に区切り，それぞれに式 (3.110) を適用し，これらの和をとる．右辺の線積分では，ガウスの発散定理のときと同様に，境界内部では各微小面積要素が共有する辺の接線ベクトルが互いに逆向きであるため打ち消し合い，積分値として残るのは共有辺をもたない，周上の線積分のみとなる．したがって，

$$\iint_S (\boldsymbol{\nabla} \times \boldsymbol{V}) \cdot d\boldsymbol{S} = \oint_C \boldsymbol{V} \cdot \boldsymbol{t}\, ds \tag{3.111}$$

となる．これをストークスの定理と呼ぶ．この式を導く際に，説明を簡単にするため，平面を用いて説明を行ったが，図 3.29 のような任意の局面に関してもこの定理は成立する．また閉曲線 C に沿って線積分をとる向きは，曲面の法線ベクトルが外積によって与えられるので，積分をとる向きに右ネジを回したとき，曲面の法線ベクトルとネジが進む方向が一致するように選ぶ（図 3.29 参照）．この式からわかるように，面積分はストークスの定理を通じて線積分に変換される．この定理もガウスの発散定理と同様に，場の局所的回転を示す $\nabla \times \boldsymbol{V}$ を有限領域に拡張したもので，$\oint_C \boldsymbol{V} \cdot \boldsymbol{t}\,ds$ がこれを表す．式 (3.111) の右辺は，閉曲線上のベクトルを閉曲線上に射影して，足し合わせたものである．したがって，図 3.30 に示されるように射影されたベクトルが全体として渦巻く，あるいは足し合わせて，左回転（ないしは右回転）の成分が強ければ値をもつ．

式 (3.111) は二次元の場合，

$$\iint_S \left(\frac{\partial v}{\partial x} - \frac{\partial u}{\partial y}\right) dx\,dy = \oint_C (v\,dy + u\,dx) \tag{3.112}$$

となる．これを平面におけるグリーンの定理と呼ぶ．この定理は，複雑な閉曲線で囲まれた平面の面積を求めるのに応用されたり，コーシーの積分定理を証明するのに用いられる．

例題 4 長軸が $2a$，短軸が $2b$ の楕円の面積を求めよ．

解答 平面におけるグリーンの定理（式 3.112）において，$v = x, u = -y$ と

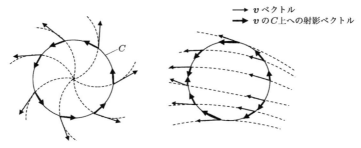

図 **3.30** 閉曲線上の大域的な回転

188   3 ベクトル解析

すれば，

$$2S = 2\iint_S dx\,dy = \oint_C (x\,dy - y\,dx)$$

となり，右辺を計算すれば，面積 S が求まる．楕円を取り囲む閉曲線は θ をパラメータとして位置ベクトルにより，$\boldsymbol{R} = x\boldsymbol{i} + y\boldsymbol{j} = a\cos\theta\boldsymbol{i} + b\sin\theta\boldsymbol{j}$ と書ける．したがって，

$$\begin{aligned}
2S &= \oint_C (x\,dy - y\,dx) \\
&= \int_0^{2\pi} (a\cos\theta)(b\cos\theta\,d\theta) - (b\sin\theta)(-a\sin\theta\,d\theta) \\
&= 2\pi ab
\end{aligned}$$

ゆえに $S = \pi ab$.

問 2　グリーンの定理とコーシー–リーマンの方程式 (1.27) を用いて，正則関数 $W(z) = u(x,y) + iv(x,y)$，$z = x + iy$ の閉じた曲線 C に沿った一周積分

$$I = \oint_C W(z)dz = 0$$

となることを示せ．

練習問題 3.5

1.　平面内に，次の各点を直線で結ぶ 3 つの経路
   I：$(0,0) \to (0,2) \to (3,2)$
   II：$(0,0) \to (3,0) \to (3,2)$
   III：$(0,0) \to (3,2)$
   IV：$(0,0) \to (3,0) \to (3,2) \to (0,2) \to (0,0)$
   および，点 $(0,0)$ と $(3,2)$ を $y = \dfrac{2}{9}x^2$ で結ぶ経路 V を考える．また，$f(x,y) = x^2 - 2xy + 3y^2$ とする．このとき以下の問いに答えよ．

(a)　I $\sim$ V の各経路に対し，$\displaystyle\int_C f(x,y)dx$ および $\displaystyle\int_C f(x,y)dy$ を計算せよ．

(b)　$\boldsymbol{F} = f(x,y)\boldsymbol{i} + y\boldsymbol{j}$ とするとき，I $\sim$ V の各経路に沿って，$\displaystyle\int_c \boldsymbol{F} \cdot d\boldsymbol{R}$ を計算せよ．

(c)　I $\sim$ IV の各経路に沿って $\displaystyle\int_c f(x,y)ds$ を計算せよ．

3.5　ベクトルの積分　　　　　　　　　*189*

2. 物体の速度に対して常に垂直方向に働く力（電磁力やコリオリ力）は，物体に仕事をしないことを示せ.

3. xy 面上で，同心円 $C_1 : x^2 + y^2 = 1$ および $C_2 : x^2 + y^2 = 4$ で囲まれた領域の境界に沿う次の積分を計算せよ. ただし C_1 上では時計方向に回り，C_2 上では反時計方向に回るとする.

$$\int \{(4xy + 2y^2 - x)dx + (2x^2 + 4xy - 3)dy\}$$

4. 4 頂点が $(0,0,0), (1,0,0), (0,0,1), (0,1,0)$ にある立方体の表面を S とする. $\boldsymbol{A} = z^2\boldsymbol{i} + xz\boldsymbol{j} + y^2z\boldsymbol{k}$ のとき $\displaystyle\iint_S \boldsymbol{A} \cdot \boldsymbol{n} dS$ を計算せよ. $\boldsymbol{n}$ は S の単位法線ベクトルで，立方体の外側を向いている.

5. $\boldsymbol{F} = xy\boldsymbol{i} + z^2\boldsymbol{j} + yz\boldsymbol{k}$ とする. $V = (x,y,z); x^2 + y^2 + z^2 \leq 1$ の領域に対して，$\displaystyle\iiint_V \boldsymbol{F} dV$ を求めよ. また，$S_1 = \{(x,y,z); x^2 + y^2 + z^2 = 1, z \geq 0\}$, $S_2 = \{(x,y,z); x^2 + y^2 \leq 1, z = 0\}$ とするとき，S_1 と S_2 でつくられた表面 S に対して $\displaystyle\iint_S \boldsymbol{F} \cdot \boldsymbol{n} dS, \iint_S (\boldsymbol{\nabla} \times \boldsymbol{F}) dS$ を求めよ.

6. V を回転放物面 $z = 3 - x^2 - y^2$ と xy 面で囲まれた領域とするとき $\displaystyle\iiint_V (x^2y^2 + z)dV$ を計算せよ.

7. 半径 a の半球が，切り口を下にして水中に置かれている. 切り口は $z = 0$ の面内にあるとする. 半球に圧力 $p = -\rho_0 gz$ が働くとき，半球の受ける力を求めよ. ただし，ρ_0 は水の密度，g は重力加速度である. また，この結果は半球の z 方向の位置によらないことを示せ.

8. xz 面内の $x > 0$ の領域に閉曲線 C がある. C を z 軸を中心に 1 回転させたときにできる回転体の表面積を，C に沿った線積分で表せ. また，回転体の体積を，C で囲まれた面についての積分で表せばどうなるか.

9. 前問の結果を利用して，円 $(x - h)^2 + z^2 = a^2 (0 < a < h)$ を，z 軸のまわりに 1 回転させたときできる回転体 (ドーナツ) の表面積および体積を求めよ.

10. 曲面 $x^2 + y^2 = a^2$ と平面 $z = \pm h$ で囲まれた円柱を考える. 関数 $x^2y^2z^2$ をこの円柱の全表面にわたって積分せよ. また，円柱全体にわたる体積積分はどうなるか.

11. 任意の閉曲線 C に関して $\displaystyle\int_C r^2 \boldsymbol{R} \cdot d\boldsymbol{R} = 0$ となることを証明せよ. ただし，$\boldsymbol{R}$ は位置ベクトルであり，$r = |\boldsymbol{R}|$ である.

190　　　　　　　　　　　　3　ベクトル解析

12.　xy 面上での線積分 $\dfrac{1}{2}\displaystyle\int_C (xdy - ydx)$ は，平面曲座標 (r, θ) を用いると

$\dfrac{1}{2}\displaystyle\int_C r^2 d\theta$ となることを示せ．また，前問を利用して，この積分は閉曲線 C で囲まれた領域の面積であることを示せ．

13.　前問の結果を利用してカージオイド曲線 $r = a(\cos\theta + 1)$ の面積を求めよ．

14.　$\boldsymbol{A} = ax\boldsymbol{i} + by\boldsymbol{j} + cz\boldsymbol{k}$ とすれば $\displaystyle\iint_S \boldsymbol{A}\cdot\boldsymbol{n}dS = (a + b + c)V_0$ となることを示せ．ただし，V_0 は閉曲面 S の囲む領域 V の体積であり，$\boldsymbol{n}$ は S に立てた単位法線ベクトル，a, b, c は定数である．

15.　式 (3.105) を証明せよ．また，それを使って $\displaystyle\iint_S \boldsymbol{n}dS = 0$ となることを示せ．

16.　式 (3.106) を証明せよ．

17.　式 (3.107) を証明せよ．また，それを使って $\displaystyle\iint_S \boldsymbol{n}\times\boldsymbol{R}dS = 0$ を示せ．

18.　式 (3.108) を証明せよ．

19.　式 (3.109) を証明せよ．

20.　2 つのスカラー関数 ϕ, ψ に対し，次式が成り立つことを示せ．これをグリーンの公式という．ただし，$\partial/\partial n$ は曲面 S に垂直方向の方向微分係数を表す．

$$\iiint_V (\phi\boldsymbol{\nabla}^2\psi - \psi\boldsymbol{\nabla}^2\phi)dV = \iint_S \left(\phi\frac{\partial\psi}{\partial n} - \psi\frac{\partial\phi}{\partial n}\right)dS$$

参 考 文 献

　本書は，工学者のための応用数学を説明しているので，数学的厳密性に関しては若干不足している点もあるかもしれない．それを補うために，古くから読まれてきた以下の本がある．

[1] 定本　解析概論：高木貞二，岩波書店，2010．

　この書物には，複素解析，フーリエ解析，ベクトル解析に関する数学的に厳密な議論がある．

　フーリエ級数の説明で，離散フーリエ級数はデータ解析や数値計算に関連して重要であるが，本書では割愛した．次の本の中に，簡潔な説明がある．

[2] 理工学のための数値計算法 第 3 版：水島二郎，柳瀬眞一郎，石原卓，サイエンス社，2019．

　複素関数とベクトル解析は，特に流体力学において大いに活用される．これに関しては，以下の本を参照されたい．

[3] 流体力学：水島二郎，柳瀬眞一郎，百武徹，森北出版，2017．

　本書で割愛したテンソル解析については，以下の本にわかりやすい説明がある．

[4] ベクトル解析：上野和之，共立出版，2010．

索　引

欧数字

2 階の B–スプライン関数
　　95

ア　行

インディシアル応答　127
インパルス応答　128

円柱座標系　142

オイラーの公式　15
オイラーの定数　103

カ　行

外積　146
解析的　10
回転　166
ガウスの発散定理　184
ガンマ関数　100
ガンマ関数の公式　103

奇拡張　65
奇関数への拡張　65
基底ベクトル　141
基本波　53
逆フーリエ変換　80
逆ベクトル　139
逆ラプラス変換積分公式
　　130
球座標系　142
求心加速度　159

共線ベクトル　150
共面ベクトル　152

偶拡張　64
偶関数への拡張　64
区分的に滑らか　76
区分的に滑らかな曲面
　　179
グラスマンの記号　151
グラム–シュミットの直交
　　化法　155
グリーンの定理　187
クロネッカーのデルタ　54

結合法則　139

交換法則　139
合成積　91, 109
高調波　53
勾配　162
コーシーの積分公式　28
コーシーの積分定理　26
コーシー–リーマンの方程
　　式　10

サ　行

座標系　141

指数位数　99
周期関数　52
周期関数への拡張　56
収束座標　99

主値　7
主値偏角　19
循環法則　152
シンク (sinc) 関数　87

スカラー　137
スカラー 3 重積　151
スカラー積　146
スターリングの公式　117
ストークスの定理　187
スペクトル　90
スペクトル強度　69, 91
スペクトル分解　67

正則　10
接線加速度　158
接線ベクトル　157
ゼロベクトル　139
線積分　173

タ　行

体積分　181
たたみ込み　91, 109
単位階段関数 (ヘビサイド
　　のステップ関数)　93
単位ベクトル　139
単振動　53

直交座標系　141

ディリクレ積分　81
デュアメルの公式　128

索　　引　　　　　　　　193

デルタ関数　93
伝達関数　126

動座標系　159
等ポテンシャル面　162
特異点　37

ナ　行

内積　146
ナブラ　162
滑らかな曲線　172

ハ　行

ハイパスフィルタ　135
陪法線ベクトル　159
パーセバルの等式　69, 91
発散　164
ハール (Haar) 関数　88
パワースペクトル　91

左片側フーリエ変換　86

複素フーリエ級数　73
フーリエ級数　53, 54

フーリエ係数　55
フーリエ正弦級数　62
フーリエ正弦変換　83
フーリエ積分　81
フーリエの積分定理　81
フーリエ変換　79, 80
フーリエ余弦級数　61
フーリエ余弦変換　82
分配法則　140

平均 2 乗誤差　71
平面極座標系　141, 142
ベクトル　137
ベクトル関数　155
ベクトル 3 重積　152
ベクトル積　146
ベクトル場　165
ベクトル面積要素　178
ベータ関数　117
ヘビサイドのステップ関数
　(単位階段関数)　93
ヘビサイドの展開定理
　112
偏角　3

方向微分係数　163
法線ベクトル　149

マ　行

右片側フーリエ変換　86

面積分　176

ラ　行

ライプニッツの公式　58
らせん曲線　161
ラプラシアン　168
ランダウの記号　76

離散スペクトル　91
リーマン–ルベーグの定理
　83
留数　42
留数定理　42

連続スペクトル　91

ローパスフィルタ　135
ローラン展開　38

著者略歴

田村篤敬（た むら あつ たか）

1973 年	群馬県に生まれる
1998 年	名古屋大学大学院工学研究科航空宇宙工学専攻博士前期課程修了
2008 年	名古屋工業大学大学院工学研究科機能工学専攻博士後期課程修了
現 在	鳥取大学大学院工学研究科機械宇宙工学専攻 教授 博士（工学）

河内俊憲（こう ち とし のり）

1978 年	広島県に生まれる
2005 年	東北大学大学院工学研究科航空宇宙工学専攻博士後期課程修了
現 在	岡山大学大学院自然科学研究科機械システム工学専攻 教授 博士（工学）

柳瀬眞一郎（やな せ しんいちろう）

1952 年	大阪府に生まれる
1980 年	京都大学大学院理学研究科物理学第一分野博士後期課程修了
現 在	岡山大学名誉教授 理学博士

工学のための物理数学　　　定価はカバーに表示

2019 年 10 月 15 日	初版第 1 刷
2024 年 1 月 25 日	第 4 刷

著 者	田　村　篤　敬
	柳　瀬　眞　一　郎
	河　内　俊　憲
発行者	朝　倉　誠　造
発行所	株式会社　朝　倉　書　店

東京都新宿区新小川町 6-29
郵便番号　162-8707
電　話　03 (3260) 0141
ＦＡＸ　03 (3260) 0180
https://www.asakura.co.jp

〈検印省略〉

© 2019 〈無断複写・転載を禁ず〉　　　　Printed in Korea

ISBN 978-4-254-20168-0　C 3050

JCOPY〈出版者著作権管理機構 委託出版物〉

本書の無断複写は著作権法上での例外を除き禁じられています．複写される場合は，そのつど事前に，出版者著作権管理機構（電話 03-5244-5088，FAX 03-5244-5089，e-mail: info@jcopy.or.jp）の許諾を得てください．